KB087511

1일 10분

초등 메가 계산력

9권

초등 5학년

1주 덧셈과 뺄셈의 혼합 계산

2주 곱셈과 나눗셈의 혼합 계산

3주 덧셈, 뺄셈, 곱셈 /
덧셈, 뺄셈, 나눗셈의 혼합 계산

4주 덧셈, 뺄셈, 곱셈, 나눗셈의 혼합 계산

5주 공약수와 최대공약수

6주 공배수와 최소공배수

7주 최대공약수와 최소공배수

8주 약분

9주 통분

10주 분수의 크기 비교

자기 주도 학습력을 기르는 1일 10분 공부 습관!

☑ 공부가 쉬워지는 힘, 자기 주도 학습력!

자기 주도 학습력은 스스로 학습을 계획하고, 계획한 대로 실행하고, 결과를 평가하는 과정에서 향상됩니다.
이 과정을 매일 반복하여 훈련하다 보면 주체적인 학습이 가능해지며 이는 곧 공부 자신감으로 연결됩니다.

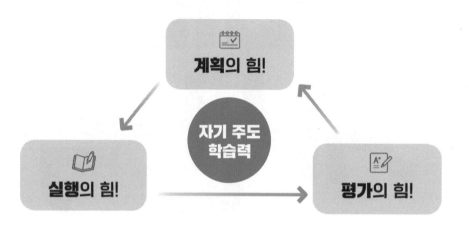

☑ 1일 10분 시리즈의 3단계 학습 로드맵

〈1일 10분〉 시리즈는 계획, 실행, 평가하는 3단계 학습 로드맵으로 자기 주도 학습력을 향상시킵니다.
또한 1일 10분씩 꾸준히 학습할 수 있는 부담 없는 학습량으로 매일매일 공부 습관이 형성됩니다.

1 단계 학습 계획하기

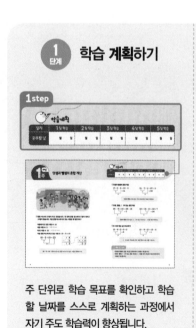

주 단위로 학습 목표를 확인하고 학습할 날짜를 스스로 계획하는 과정에서 자기 주도 학습력이 향상됩니다.

2 단계 학습 실행하기

1일 10분 주 5일 매일 일정 분량 학습으로, 초등 학습의 기초를 탄탄하게 잡는 공부 습관이 형성됩니다.

3 단계 결과 평가하기

학습을 완료하고 계획대로 실행했는지 스스로 진단하며 성취감과 공부 자신감이 길러집니다.

핵심 개념

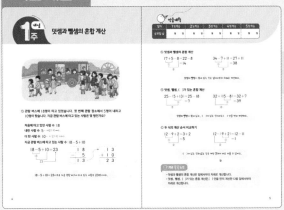

➕ 교과서 개념을 바탕으로 연산 원리를 쉽고 재미있게
이해할 수 있습니다.

연산 응용 학습

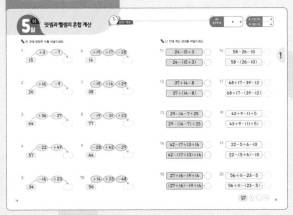

➕ 생각하며 푸는 연산으로 계산 원리를 완벽하게
이해할 수 있습니다.

연산 연습과 반복

➕ 1일 10분 매일 공부하는 습관으로 연산 실력을
키울 수 있습니다.

생각 수학

➕ 한 주 동안 공부한 연산을 활용한 문제로
수학적 사고력과 창의력을 키울 수 있습니다.

덧셈과 뺄셈의 혼합 계산

✅ 관람 버스에 18명이 타고 있었습니다. 첫 번째 관람 장소에서 5명이 내리고 10명이 탔습니다. 지금 관람 버스에 타고 있는 사람은 몇 명인가요?

처음에 타고 있던 사람 수: 18

내린 사람 수: 5 ← 내렸으면 빼요.

더 탄 사람 수: 10 ← 더 탔으면 더해요.

지금 관람 버스에 타고 있는 사람 수: 18−5+10

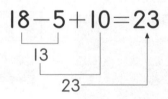

$$18-5+10=23$$

	1	8
−		5
	1	3

	1	3
+	1	0
	2	3

18−5+10=23이므로 지금 관람 버스에 타고 있는 사람은 23명이에요.

일차	1일 학습	2일 학습	3일 학습	4일 학습	5일 학습
공부할 날	월 일	월 일	월 일	월 일	월 일

✅ 덧셈과 뺄셈의 혼합 계산

$$17+5-8=22-8$$
$$=14$$
① ②

$$34-7+11=27+11$$
$$=38$$
① ②

덧셈과 뺄셈이 섞여 있는 식은 앞에서부터 차례로 계산해요.

✅ 덧셈, 뺄셈, ( )가 있는 혼합 계산

$$25-(5+13)=25-18$$
$$=7$$
② ①

$$32+(15-8)=32+7$$
$$=39$$
② ①

덧셈과 뺄셈이 섞여 있고, ( )가 있는 식에서는 ( ) 안을 먼저 계산해요.

✅ 두 식의 계산 순서 비교하기

$$12-9+2=3+2$$
$$=5$$
① ②

$$12-(9+2)=12-11$$
$$=1$$
② ①

( )가 있는 식과 없는 식은 계산 결과가 서로 다를 수 있어요.

📒 개념 쏙쏙 노트

- 덧셈과 뺄셈의 혼합 계산은 앞에서부터 차례로 계산합니다.
- 덧셈, 뺄셈, ( )가 있는 혼합 계산은 ( ) 안을 먼저 계산한 다음 앞에서부터 차례로 계산합니다.

덧셈과 뺄셈의 혼합 계산

✏️ 계산 순서를 나타내고, 계산해 보세요.

1 24+5−8

2 27−15+21

3 32+15−18

4 43+14+26−13

5 16+(52−22)−35

6 16+(51−14)

7 15+24−(4+5)

8 37−(26−11)

9 47+16−24+17

10 46−(18+14)

11 92−27+15+17

12 42+72−(54+15)

 계산해 보세요.

13 16+29−17

14 38+54−32

15 62−17+28

16 57+(26−12)

17 66−(28+13)

18 27+16+24−17

19 38−29+(17+2)

20 45−14+(18−15)

21 37+25−(14+25)

22 56−(25−13)+24

23 72+42−36−15

24 (63+27)−(36−18)

스스로 평가 😄 ☺ 🙁

7

✏️ 계산 순서를 나타내고, 계산해 보세요.

1 $34-15+27$

2 $27+(36-25)$

3 $13+29-37$

4 $38-(14+5)$

5 $23+(45-17)-8$

6 $(54-17)-27+14$

7 $52-16+24-16$

8 $17+29-(23-12)$

9 $47-(26-19)+22$

10 $(36+15)-(22-17)$

11 $79-12-13+27$

12 $43+19-(17+12)$

 계산해 보세요.

13 39−17+48+30

14 43−11+(36+13)

15 23+59+(47−34)

16 59−(14+37)+24

17 45−17+35+18

18 64−(14+13)−23

19 93+36−78

20 46+19−(14+37)

21 17+75−(83−47)

22 29−20+17+37

23 27−(39−26)+19

24 39+58−(19+24)

✏️ 계산 순서를 나타내고, 계산해 보세요.

1 $26+17-13+39$

2 $45+19+24-18+36$

3 $56+29-(17+18)+14$

4 $28+14-12+(10+25)$

5 $97-(18+26)+22-24$

6 $34+(12+25-28)-19$

7 $19-15+27+(49-26)$

8 $61-(81-19-20)+14$

9 $84+(18+15)-16-4$

10 $(47-14+22)-7$

11 $22+34-(19-13)+27$

12 $52+49-31-(7+16)$

계산해 보세요.

13 $46+18-(23+9)$

14 $87+26-11-25+13$

15 $(16+18)-15+45+21$

16 $68-(17+10-13)$

17 $45+28-35+(13+19)$

18 $62+(17-8)-(29+5)$

19 $27+16-(15-12)+41$

20 $46-(17+25)+26-14$

21 $47+28-21-(19-8)$

22 $16+27+29-(12+20)$

23 $34+17-(24-8+16)$

24 $(46+48)-(29-24+13)$

✏️ 계산해 보세요.

1 17+16−8+25−14

2 27+18−(15+28)+21

3 25−(19−14)+52−27

4 45−(32+9)+15+22

5 (42−9−3)+(7+17)

6 56+75−16−19+14

7 54+18−(12+13)−15

8 49+(48−12)+36−23

9 77−(72−64)+16+3

10 36−23+(17+25−7)

11 47−(13+16)+23−10

12 98−(13+18)−(27−9)

 계산해 보세요.

13 $30+27-(42-16)+4$

14 $16+40-(32+9)+22$

15 $(46+71)-34-17+8$

16 $24+36+15-(10+40)$

17 $57-42+(70-38+14)$

18 $63-(40-18+7)+14$

19 $66-(40-17)+44-25$

20 $36+46-(23+15)-16$

21 $27+19-25+(48-13)$

22 $54+72-(50-17-14)$

23 $52-(24+3)-16+20$

24 $49+68-(17+54-33)$

✏️ 빈 곳에 알맞은 수를 써넣으세요.

1 15 → +3 → −7 → ☐

2 26 → +16 → −9 → ☐

3 64 → +36 → −27 → ☐

4 57 → −22 → +49 → ☐

5 34 → −16 → +23 → ☐

6  14 → +19 → +17 → −28 → ☐

7 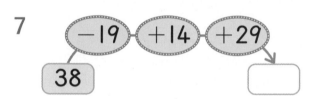 38 → −19 → +14 → +29 → ☐

8 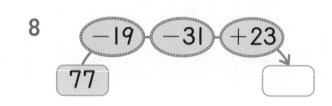 77 → −19 → −31 → +23 → ☐

9 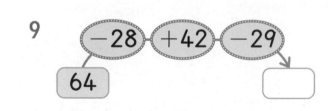 64 → −28 → +42 → −29 → ☐

10  56 → +14 → +23 → −48 → ☐

✏️ ○ 안에 계산 결과를 써넣으세요.

11 $24-15+3$ ◯

$24-(15+3)$ ◯

16 $58-26-10$ ◯

$58-(26-10)$ ◯

12 $37+14-8$ ◯

$37+(14-8)$ ◯

17 $68+17-39-12$ ◯

$68+17-(39-12)$ ◯

13 $29-14-7+25$ ◯

$29-(14-7)+25$ ◯

18 $43+9-11+5$ ◯

$43+9-(11+5)$ ◯

14 $42-17+13+14$ ◯

$42-(17+13)+14$ ◯

19 $22-5+6-10$ ◯

$22-(5+6)-10$ ◯

15 $27+16-19+14$ ◯

$(27+16)-19+14$ ◯

20 $56+11-23-5$ ◯

$56+11-(23-5)$ ◯

스스로 평가 😆 🙂 😞

✏️ 관계있는 것끼리 선으로 이어 보세요.

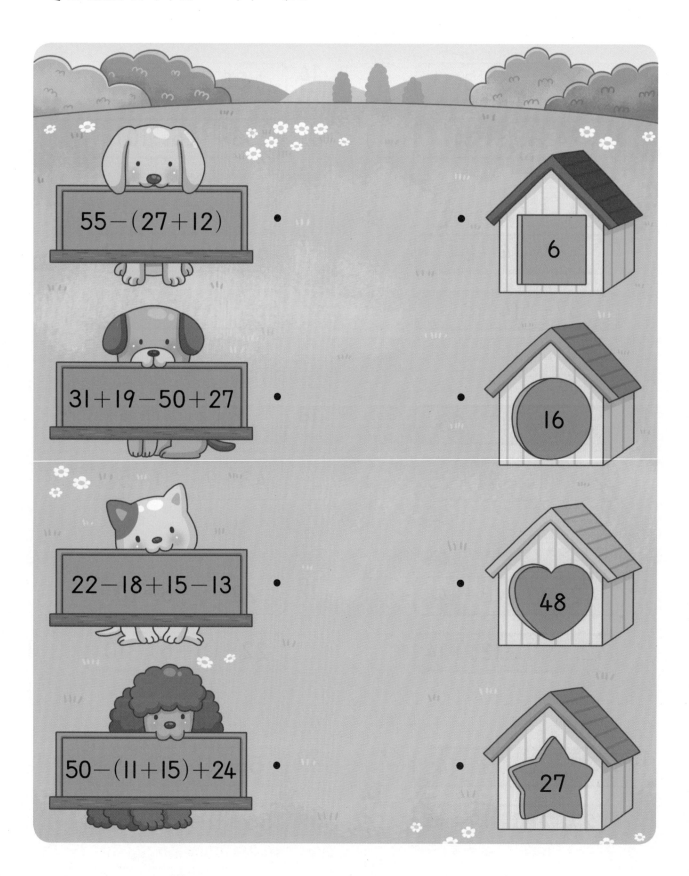

$55-(27+12)$

$31+19-50+27$

$22-18+15-13$

$50-(11+15)+24$

6

16

48

27

주희와 친구들이 햄버거 가게에 갔습니다. 물음에 답하세요.

햄버거	감자튀김	콜라	아이스크림	치즈스틱
4200원	1100원	900원	800원	1200원

주희는 햄버거와 콜라를 주문했습니다. 6000원을 냈다면 거스름돈으로 얼마를 받아야 하나요?

$$6000-\left(4200+\boxed{}\right)=\boxed{}\,(원)$$

서연이는 햄버거와 아이스크림을 주문했고, 주영이는 치즈스틱과 콜라를 주문했습니다. 서연이는 주영이보다 얼마를 더 내야 하나요?

$$\left(4200+\boxed{}\right)-\left(\boxed{}+\boxed{}\right)=\boxed{}\,(원)$$

곱셈과 나눗셈의 혼합 계산

✅ 제과점에서 쿠키를 한 판에 16개씩 4판 구워 남는 것 없이 8상자에 똑같이 나누어 담았습니다. 한 상자에 들어 있는 쿠키는 몇 개인가요?

구운 쿠키 수를 나누어 담은 상자 수로 나누면 한 상자에 들어 있는 쿠키 수를 알수 있습니다.

구운 쿠키 수: 16개씩 4판 ➡ 16×4
한 상자에 들어 있는 쿠키 수: (구운 쿠키 수)÷(상자 수) ➡ $16 \times 4 \div 8$

$$16 \times 4 \div 8 = 8$$

64

8

16×4÷8=8이므로 한 상자에 들어 있는 쿠키는 8개예요.

일차	1일학습	2일학습	3일학습	4일학습	5일학습
공부할 날	월 일	월 일	월 일	월 일	월 일

✅ 곱셈과 나눗셈의 혼합 계산

$$42 \div 7 \times 3 = 6 \times 3$$
$$= 18$$
① ②

$$5 \times 8 \div 2 = 40 \div 2$$
$$= 20$$
① ②

> 곱셈과 나눗셈이 섞여 있는 식은 앞에서부터 차례로 계산해요.

✅ 곱셈, 나눗셈, ( )가 있는 혼합 계산

$$20 \times (16 \div 8) = 20 \times 2$$
$$= 40$$
② ①

$$36 \div (4 \times 3) = 36 \div 12$$
$$= 3$$
② ①

> 곱셈과 나눗셈이 섞여 있고, ( )가 있는 식에서는 ( ) 안을 먼저 계산해요.

✅ 두 식의 계산 순서 비교하기

$$48 \div 2 \times 8 = 24 \times 8$$
$$= 192$$
① ②

$$48 \div (2 \times 8) = 48 \div 16$$
$$= 3$$
② ①

> ( )가 있는 식과 없는 식은 계산 결과가 서로 다를 수 있어요.

개념 쏙쏙 노트

- 곱셈과 나눗셈의 혼합 계산은 앞에서부터 차례로 계산합니다.
- 곱셈, 나눗셈, ( )가 있는 혼합 계산은 ( ) 안을 먼저 계산한 다음 앞에서부터 차례로 계산합니다.

곱셈과 나눗셈의 혼합 계산

✏️ 계산 순서를 나타내고, 계산해 보세요.

1 $21 \times 3 \div 7$

2 $54 \div 6 \times 3$

3 $72 \times (6 \div 3)$

4 $42 \times 4 \div 6$

5 $10 \times (24 \div 2) \div 5$

6 $14 \times (15 \div 3)$

7 $625 \div (5 \times 5)$

8 $270 \div (9 \times 3) \times 5$

9 $320 \div (2 \times 5)$

10 $12 \times 6 \div (3 \times 6)$

11 $18 \times (9 \div 3) \div 2$

12 $49 \div 7 \times 4 \div 2$

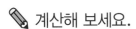 계산해 보세요.

13 $32 \times 2 \div 8$

14 $21 \times 2 \div 6$

15 $240 \div 60 \times 2$

16 $216 \div (3 \times 4)$

17 $168 \div (7 \times 4)$

18 $15 \div 3 \times 50$

19 $48 \div (4 \times 2) \times 2$

20 $18 \div 2 \times (36 \div 6)$

21 $484 \div (4 \times 11) \times 3$

22 $54 \div (18 \div 6) \times 2$

23 $72 \times (16 \div 4) \div 8$

24 $48 \div (16 \div 2) \times 7$

✏️ 계산 순서를 나타내고, 계산해 보세요.

1 $11 \times 6 \div 2$

2 $24 \div 6 \times 13$

3 $192 \div (3 \times 4)$

4 $36 \div 9 \times 11$

5 $216 \div (2 \times 9)$

6 $240 \div 12 \times 5$

7 $25 \times 4 \div 5$

8 $21 \times 4 \div (7 \times 3)$

9 $168 \div (4 \times 2) \div 3$

10 $72 \div (24 \div 8)$

11 $336 \div (2 \times 8) \times 3$

12 $16 \times 9 \div (24 \div 8)$

2
주

 계산해 보세요.

13 $17 \times 4 \div 2$

19 $128 \div (2 \times 4)$

14 $35 \times 2 \div 7$

20 $36 \div (3 \times 6) \times 7$

15 $57 \div (19 \times 3)$

21 $84 \div 7 \times (3 \times 2)$

16 $21 \div 7 \times 24$

22 $72 \div (6 \times 3) \times 4$

17 $63 \div (7 \times 3)$

23 $9 \times 12 \div (18 \div 6)$

18 $168 \div 6 \times 2$

24 $36 \times 8 \div (4 \times 6)$

스스로
평가 😄 🙂 ☹

곱셈과 나눗셈의 혼합 계산

도전! 12분!

✏️ 계산 순서를 나타내고, 계산해 보세요.

1 $12 \div 4 \times 21 \div 7$

7 $24 \times 5 \div 8 \times 12 \div 4$

2 $27 \times 2 \div 3 \times 6$

8 $32 \times 2 \div (16 \div 4)$

3 $32 \times 13 \div (8 \times 2)$

9 $36 \div 12 \times (48 \div 16) \times 2$

4 $270 \div (9 \times 3) \times 6$

10 $13 \times 25 \div (20 \div 4)$

5 $16 \div (4 \times 2) \times 25 \times 3$

11 $180 \div (4 \times 5) \times 16 \div 3$

6 $240 \div (4 \times 2) \div 5 \times 4$

12 $360 \div (2 \times 12) \times 2 \div 6$

✏️ 계산해 보세요.

13 $32 \times 2 \div 8 \div 2$

19 $4 \times (45 \div 15 \times 3)$

14 $45 \div 9 \times (3 \times 8)$

20 $54 \times 5 \div (3 \times 3)$

15 $22 \times 3 \div 11 \times 2$

21 $(450 \times 2) \div (18 \times 5)$

16 $4 \times (36 \div 6) \times 4 \div 6$

22 $180 \div (9 \times 5) \times 3 \div 4$

17 $12 \times 7 \times 4 \div (2 \times 3)$

23 $63 \div (84 \div 12) \times 4 \times 3$

18 $192 \div (3 \times 2) \div (2 \times 2)$

24 $(15 \times 8) \div (72 \div 12) \times 4$

곱셈과 나눗셈의 혼합 계산

✏️ 계산해 보세요.

1   $12 \times 2 \div 4 \times 5 \times 3$

7   $56 \div 8 \times (4 \times 3) \div 6$

2   $36 \times 5 \div (64 \div 16) \div 3$

8   $72 \div 9 \times 2 \times (56 \div 7)$

3   $66 \div 11 \div 3 \times (98 \div 14)$

9   $972 \div (3 \times 6) \times 4 \div 9$

4   $144 \div (12 \times 2) \times 16 \div 2$

10   $12 \times (25 \div 5) \times 2 \div 6$

5   $12 \div (2 \times 2) \times 12 \div 4$

11   $729 \div (9 \times 9) \times 2 \times 3$

6   $192 \div (4 \times 8) \times 3 \times 2$

12   $192 \div (4 \times 8) \times (120 \div 15)$

 계산해 보세요.

13 $36 \div 6 \times 2 \times (24 \div 3)$

14 $49 \div 7 \times 3 \times 6 \div 2$

15 $624 \div (13 \times 3) \times 4 \div 16$

16 $14 \times 8 \div (96 \div 6) \times 3$

17 $33 \times 2 \div 11 \times 9 \div 18$

18 $198 \div (2 \times 11) \times 6 \div 2$

19 $480 \div (15 \times 2) \times (2 \times 4)$

20 $16 \times 5 \div (96 \div 12) \times 2$

21 $36 \div (2 \times 2) \times 16 \div 3$

22 $144 \div (48 \div 4 \times 3) \times 4$

23 $720 \div (12 \times 5) \div (16 \div 4)$

24 $360 \div (18 \times 2) \times 4 \div 8$

곱셈과 나눗셈의 혼합 계산

✏️ 빈 곳에 알맞은 수를 써넣으세요.

1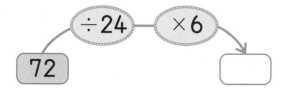
72 → ÷24 → ×6 → ☐

6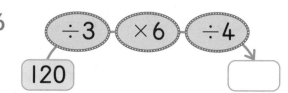
120 → ÷3 → ×6 → ÷4 → ☐

2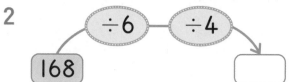
168 → ÷6 → ÷4 → ☐

7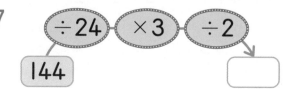
144 → ÷24 → ×3 → ÷2 → ☐

3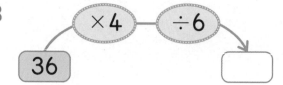
36 → ×4 → ÷6 → ☐

8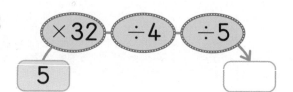
5 → ×32 → ÷4 → ÷5 → ☐

4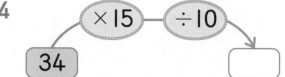
34 → ×15 → ÷10 → ☐

9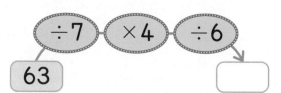
63 → ÷7 → ×4 → ÷6 → ☐

5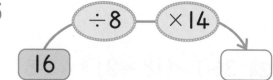
16 → ÷8 → ×14 → ☐

10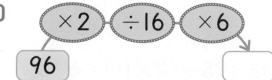
96 → ×2 → ÷16 → ×6 → ☐

✏️ ○ 안에 계산 결과를 써넣으세요.

11 $6 \times 8 \div 2 \times 3$ ◯

$6 \times (8 \div 2) \times 3$ ◯

12 $24 \div 3 \times 4 \times 2$ ◯

$24 \div (3 \times 4) \times 2$ ◯

13 $18 \div 2 \times 36 \div 6 \div 2$ ◯

$18 \div 2 \times (36 \div 6) \div 2$ ◯

14 $14 \times 12 \div 4 \times 2 \div 3$ ◯

$14 \times 12 \div (4 \times 2) \div 3$ ◯

15 $5 \times 9 \div 5 \times 3 \times 2$ ◯

$5 \times 9 \div (5 \times 3) \times 2$ ◯

16 $3 \times 7 \times 3 \div 9$ ◯

$3 \times (7 \times 3) \div 9$ ◯

17 $8 \times 9 \div 6 \times 3 \times 4$ ◯

$8 \times 9 \div (6 \times 3) \times 4$ ◯

18 $12 \div 4 \times 7 \times 3$ ◯

$12 \div 4 \times (7 \times 3)$ ◯

19 $16 \div 4 \times 2 \times 50 \div 2$ ◯

$16 \div (4 \times 2) \times (50 \div 2)$ ◯

20 $12 \times 16 \div 4 \div 2 \times 3$ ◯

$12 \times (16 \div 4 \div 2) \times 3$ ◯

2주

스스로 평가 😄 🙂 😞

✏️ 사다리를 따라 내려가며 계산한 값을 도착한 곳에 써넣으세요.

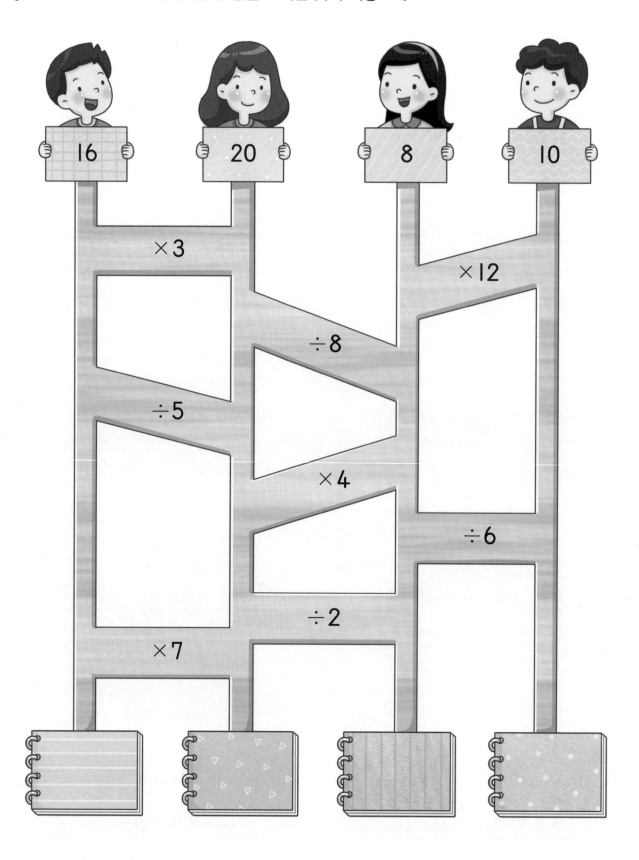

아래쪽 계산 결과와 관계있는 식에 해당하는 글자를 빈 곳에 써넣으세요.

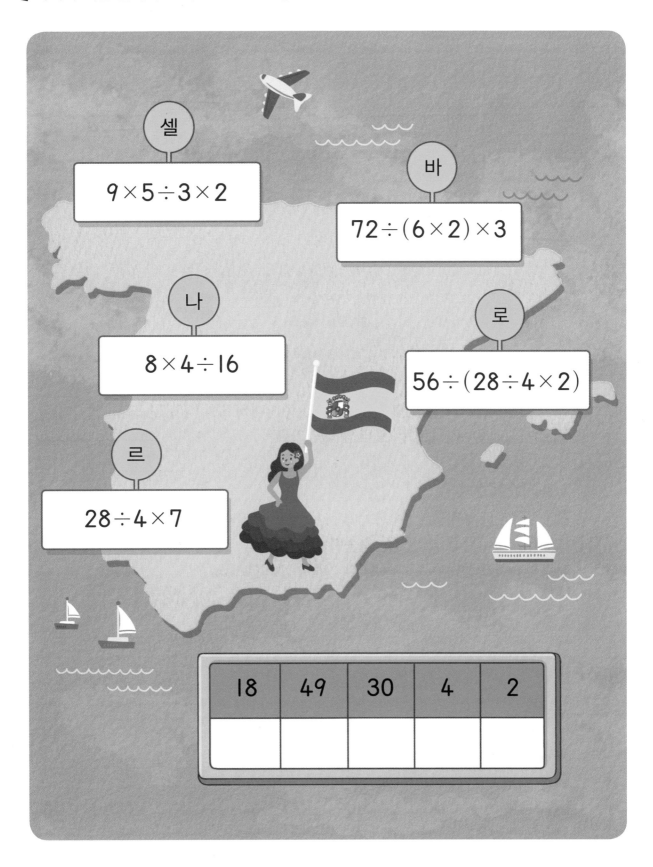

셸
$9 \times 5 \div 3 \times 2$

바
$72 \div (6 \times 2) \times 3$

나
$8 \times 4 \div 16$

로
$56 \div (28 \div 4 \times 2)$

르
$28 \div 4 \times 7$

18	49	30	4	2

덧셈, 뺄셈, 곱셈 /
덧셈, 뺄셈, 나눗셈의 혼합 계산

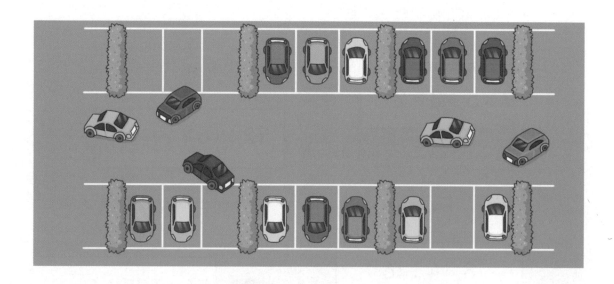

✅ 주차장에 자동차가 20대가 있습니다. 그중 3대씩 3번 나가고, 4대가 들어왔다면 주차장에 있는 자동차는 모두 몇 대인가요?

처음 자동차 수: 20

3대씩 3번 나간 자동차 수: 3×3 나간 자동차 수는 빼요.

3대씩 3번 나간 후 남아 있는 자동차 수: $20 - 3 \times 3$

자동차 4대가 들어온 후 자동차 수: $20 - 3 \times 3 + 4$

들어온 자동차 수는 더해요.

$$20 - 3 \times 3 + 4 = 15$$

9

11

15

$20 - 3 \times 3 + 4 = 15$이므로 주차장에 있는 자동차는 모두 15대예요.

학습계획

일차	1일 학습	2일 학습	3일 학습	4일 학습	5일 학습
공부할 날	월 일	월 일	월 일	월 일	월 일

✅ 덧셈, 뺄셈, 곱셈 / 덧셈, 뺄셈, 나눗셈의 혼합 계산

$$12+15-7\times2 = 12+15-14$$
$$= 27-14$$
$$= 13$$

$$16+20\div4-8 = 16+5-8$$
$$= 21-8$$
$$= 13$$

덧셈, 뺄셈, 곱셈 또는 나눗셈이 섞여 있는 식은 곱셈 또는 나눗셈을 먼저 계산해요.

✅ 덧셈, 뺄셈, 곱셈, ( ) / 덧셈, 뺄셈, 나눗셈, ( )가 있는 혼합 계산

$$5+(17-11)\times6 = 5+6\times6$$
$$= 5+36$$
$$= 41$$

$$42-(7+18)\div5 = 42-25\div5$$
$$= 42-5$$
$$= 37$$

( )가 있으면 ( ) 안을 먼저 계산한 다음 곱셈이나 나눗셈을 계산해요.

✅ 두 식의 계산 순서 비교하기

$$14+6\div2-7 = 14+3-7$$
$$= 17-7$$
$$= 10$$

$$(14+6)\div2-7 = 20\div2-7$$
$$= 10-7$$
$$= 3$$

( )가 있는 식과 없는 식은 계산 결과가 서로 다를 수 있어요.

📝 개념 쏙쏙 노트

- 덧셈, 뺄셈, 곱셈 / 덧셈, 뺄셈, 나눗셈의 혼합 계산은 곱셈, 나눗셈을 먼저 계산한 다음 앞에서부터 차례로 계산합니다.
- ( )가 있으면 ( ) ➡ × ➡ +, − / ( ) ➡ ÷ ➡ +, − 순서로 계산하고 +와 −는 앞에서부터 차례로 계산합니다.

✏️ 계산 순서를 나타내고, 계산해 보세요.

1 $6 \times 3 + 4 - 5$

2 $2 + 18 \times 3 - 6$

3 $28 - 9 + 3 \times 5$

4 $(16 - 2) \times 3 - 3$

5 $7 + 5 \times (20 - 12)$

6 $76 - (2 + 18) \times 2$

7 $4 + 5 \times 6 - 32 + 14$

8 $15 - 45 \div 9$

9 $7 + 80 \div 10 - 2$

10 $16 + 12 \div (7 - 3)$

11 $45 - (5 + 10) \div 3$

12 $(43 + 5) \div 6 + 14 - 10$

3주

✏️ 계산해 보세요.

13   $30+32 \div 8-9$

14   $63-5 \times 3+7$

15   $64-36+24 \div 6$

16   $49 \div 7+23-9$

17   $28-(7 \times 3)+5$

18   $38-30 \div (8+2)$

19   $24-12 \div (11-5)+3$

20   $(4+4) \times 9-39-9$

21   $(25+11) \div 4+27$

22   $(6+24) \div 6-2+37$

23   $128 \div (4+12)-6$

24   $6 \times (4+3)-21+13$

✏️ 계산 순서를 나타내고, 계산해 보세요.

1 $25 + 72 \div 8$

2 $20 - 6 \times 3 + 39$

3 $27 \div 3 + 60 - 4$

4 $22 + (15 - 3) \times 4$

5 $(40 + 120) \div 20 + 2$

6 $160 \div (25 + 15) - 3$

7 $64 \times 2 - 50$

8 $38 - 15 \div 3 + 7$

9 $52 + 8 \times 4 - 31 - 10$

10 $39 + (8 - 1) \times 2$

11 $53 - (49 + 5) \div 6$

12 $4 + 5 \times (18 - 11) - 14$

계산해 보세요.

13 $35+2-35\div7$

14 $134-(13\times8)-2$

15 $22+32\div(8-6)$

16 $(24+36)\div10-4$

17 $3\times25-(64+7)$

18 $17+(49-13)\div6$

19 $15+42\div7-6$

20 $20-6\div3+8$

21 $(8+2)\div(7-5)$

22 $90\div(3+6)+5-10$

23 $52-4\times(12-5)$

24 $(7+5)\times(48-40)+6$

37

✏️ 계산 순서를 나타내고, 계산해 보세요.

1 $18 \div 6 + 1$

2 $15 + 40 \div 8 + 4$

3 $46 - (40 + 16) \div 8 + 3$

4 $3 \times (25 - 21) + 6$

5 $(17 + 3 - 4) \div 2$

6 $42 \div 6 + (22 - 8)$

7 $7 \times 4 - (12 - 8)$

8 $36 + 15 \div 3 - 10$

9 $111 - 5 \times 8 - 26$

10 $15 + (21 - 5) \times 2$

11 $32 - 8 \div (14 - 6)$

12 $(86 - 14) \div (4 - 1) - 7$

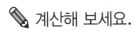 계산해 보세요.

13 $7 \times 9 - 21 - 18$

14 $81 \div 9 + 18 - 3$

15 $54 - 48 \div (6 - 4)$

16 $29 - (64 \div 8) + 9$

17 $62 - 25 \div 5 + 10$

18 $19 - 4 \times (8 - 4) + 5$

19 $9 \times (37 - 32) + 5$

20 $36 - 28 \div (2 + 5) - 3$

21 $24 \times (7 - 4) - 21$

22 $(32 - 3 \times 8) + 6$

23 $64 - (32 - 9 - 11) \times 3$

24 $(46 + 26) \div (47 - 38) + 5$

✏️ 계산해 보세요.

1 $15 - 48 \div 4$

7 $36 - 21 \div 3 - 6 + 5$

2 $48 - 4 \times 9 + 1$

8 $17 + 3 - 20 + 18 \div 6$

3 $8 \times (9 - 2) + 24 - 15$

9 $(4 - 2) \times 10 + 7$

4 $(19 + 5) \div 8 + 3$

10 $29 + 3 \times (11 - 8)$

5 $7 + (9 + 21 - 18) \div 2$

11 $29 - 10 \div (3 + 2) + 8$

6 $11 - (42 \div 7) + 18$

12 $15 \times 5 + 12 \times 4$

✏️ 계산해 보세요.

13 $27-4\times4+3$

19 $96\div(16+8)+15-8$

14 $6\times12-5\times4+6$

20 $36-(56\div7-4)$

15 $13\times(11-4)-6$

21 $53-7\times(8-2)$

16 $18\div2-7+6$

22 $17\times3-(13+19)$

17 $62-7\times2-18$

23 $(92+4)\div(14-8)$

18 $26\div(9+4)+7$

24 $26+(42-17)\times3-12$

도전! 20분!

✏️ ☐ 안에 계산 결과를 써넣으세요.

1
$4 \times 7 + 3 - 9$ ☐

$4 \times (7 + 3) - 9$ ☐

2
$16 - 4 \div 4 + 7$ ☐

$(16 - 4) \div 4 + 7$ ☐

3
$2 \times 5 - 2 + 19$ ☐

$2 \times (5 - 2) + 19$ ☐

4
$93 - 7 \times 6 + 3$ ☐

$93 - 7 \times (6 + 3)$ ☐

5
$60 \div 15 - 3 + 8$ ☐

$60 \div (15 - 3) + 8$ ☐

6
$7 \times 9 + 4 - 5 - 2$ ☐

$7 \times (9 + 4) - 5 - 2$ ☐

7
$41 + 5 \times 8 + 10$ ☐

$41 + 5 \times (8 + 10)$ ☐

8
$112 - 16 \div 8 - 2$ ☐

$(112 - 16) \div (8 - 2)$ ☐

9
$12 + 6 \times 4 + 56$ ☐

$(12 + 6) \times 4 + 56$ ☐

10
$6 + 4 \times 9 + 3 - 8$ ☐

$6 + 4 \times (9 + 3) - 8$ ☐

✏️ □ 안에 계산 결과를 써넣으세요.

11 $13 \times 5 + 9 - 25$ □

$13 \times (5 + 9) - 25$ □

12 $90 \div 18 + 27 + 12$ □

$90 \div (18 + 27) + 12$ □

13 $4 \times 28 - 4 + 1$ □

$4 \times (28 - 4 + 1)$ □

14 $56 + 28 \div 4 + 8$ □

$(56 + 28) \div (4 + 8)$ □

15 $35 - 34 \div 17 - 15$ □

$35 - 34 \div (17 - 15)$ □

16 $36 + 72 \div 6 + 12 - 5$ □

$36 + 72 \div (6 + 12) - 5$ □

17 $24 + 96 \div 8 - 14$ □

$(24 + 96) \div 8 - 14$ □

18 $64 - 3 \times 4 \times 5$ □

$(64 - 3 \times 4) \times 5$ □

19 $96 - 16 \div 16 + 8$ □

$(96 - 16) \div 16 + 8$ □

20 $39 + 96 \div 12 + 3$ □

$(39 + 96) \div (12 + 3)$ □

스스로 평가 😄 🙂 ☹️

✏️ 계산 결과로 주어진 값이 나오는 식을 찾아 ○표 하세요.

50

$18+(35-15)\div5$

$18+35-15\div5$

28

$4\times(7+5)-20$

$4\times7+5-20$

85

$68-(7+6)\times4$

$68-7+6\times4$

36

$32\div(4-2)+20$

$32\div4-2+20$

✎ 진욱이의 몸무게는 32 kg입니다. 엄마의 몸무게는 진욱이보다 20 kg 더 많이 나가고, 아빠의 몸무게는 엄마의 몸무게의 2배보다 26 kg 더 적게 나간다고 합니다. 아빠의 몸무게는 몇 kg인가요?

진욱이의 몸무게가 **32** kg이므로 엄마의 몸무게는

(**32** + ☐)kg입니다.

따라서 아빠의 몸무게는

(**32** + ☐) × ☐ − ☐ = ☐ (kg)입니다.

✓ 지훈이와 수아가 마트에서 깻잎 한 봉지와 당근 4개를 사고 5000원을 냈다면 거스름돈으로 얼마를 받아야 하나요?

깻잎 한 봉지의 값: $2700 \div 3$

당근 4개의 값: 700×4

지훈이와 수아가 산 채소의 값: $2700 \div 3 + 700 \times 4$

거스름돈: $5000 - (2700 \div 3 + 700 \times 4)$

$$5000 - (2700 \div 3 + 700 \times 4) = 1300$$

900   2800

3700

1300

$5000 - (2700 \div 3 + 700 \times 4) = 1300$이므로 거스름돈으로 1300원을 받아야 해요.

46

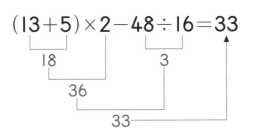 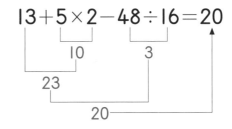

일차	1일학습	2일학습	3일학습	4일학습	5일학습
공부할 날	월 일	월 일	월 일	월 일	월 일

✅ 덧셈, 뺄셈, 곱셈, 나눗셈의 혼합 계산

$$12×4+27÷3-10 = 48+27÷3-10$$
$$=48+9-10$$
$$=57-10$$
$$=47$$

① ②
③
④

> 덧셈, 뺄셈, 곱셈, 나눗셈이 섞여 있는 식은 곱셈과 나눗셈을 먼저 계산해요.

✅ 덧셈, 뺄셈, 곱셈, 나눗셈, ( )가 있는 혼합 계산

$$14×(22-15)+36÷12 = 14×7+36÷12$$
$$=98+36÷12$$
$$=98+3$$
$$=101$$

① ③
②
④

> ( )가 있으면 ( ) 안을 먼저 계산한 다음 곱셈, 나눗셈을 차례로 계산해요.

✅ 두 식의 계산 순서 비교하기

$$(13+5)×2-48÷16=33$$

18   3
36
33

$$13+5×2-48÷16=20$$

10   3
23
20

> ( )가 있는 식과 없는 식은 계산 결과가 서로 다를 수 있어요.

📝 개념 쏙쏙 노트

- 덧셈, 뺄셈, 곱셈, 나눗셈의 혼합 계산은 곱셈과 나눗셈을 먼저 계산한 다음 앞에서부터 차례로 계산합니다.
- ( )가 있으면 ( ) ➡ ×, ÷ ➡ +, − 순서로 계산하고 ×와 ÷, +와 −는 앞에서부터 차례로 계산합니다.

✏️ 계산 순서를 나타내고, 계산해 보세요.

1 $6 \times 3 + 63 \div 9 - 8$

2 $4 + 74 \div 2 \times 4 - 48$

3 $65 - 32 + 64 \div 8 \times 7$

4 $48 \div (11 - 8 + 5) \times 3$

5 $120 \div (3 \times 5) - 5$

6 $36 - 5 \times (12 \div 3)$

7 $5 \times 4 + 19 - 75 \div 25$

8 $45 - 9 \div 3 + 4 \times 6$

9 $17 + 10 \times 5 - 12 \div 3$

10 $(70 + 14) \div 12 \times 3$

✏️ 계산해 보세요.

11　$25 \times 7 + 35 - 95 \div 5$

16　$3 \times (6 + 48) \div 6 - 2$

12　$46 \div 23 + 2 \times 5 - 9$

17　$57 + 432 \div (12 \times 4)$

13　$100 \div 10 - 3 + 5 \times 9$

18　$52 - (8 + 25) \div 3 \times 2$

14　$83 + 4 \times 10 - 108 \div 9$

19　$84 \div (3 \times 4) + 6$

15　$23 + (14 \times 3 - 10) \div 2 - 4$

20　$13 + 36 - 7 \times (16 \div 4)$

✏️ 계산 순서를 나타내고, 계산해 보세요.

1 $4+7\times3-45\div9$

6 $8-4+10\div5\times30$

2 $8+400\div8\times2-22$

7 $16\times5+43-70\div5$

3 $36\times5+84\div14-67$

8 $68\div4+6\times7-32$

4 $(6-3+27\div9)\times14$

9 $46-48\div(6+6)\times8$

5 $(59+5)\times2\div16-2$

10 $108\div(14-5)+5\times7$

✏️ 계산해 보세요.

11 $8 \times 4 + 35 \div 5 - 27$

16 $75 - 7 \times 39 \div (4+9)$

12 $90 \div (6+3) \times 9 - 40$

17 $89 + 4 \times (18-6) \div 3$

13 $5 \times 4 + 27 - 66 \div 2$

18 $20 - (17 + 32 \div 4) \div 5$

14 $78 + 5 \times 3 - 63 \div 9$

19 $12 \times 8 \div 6 + 16 - 11$

15 $72 \div (4-1+9) \times 8$

20 $3 \times (8 \times 7 - 5 \times 8) \div 2$

✏️ 계산 순서를 나타내고, 계산해 보세요.

1 $6 \times 4 + 9 \div 3 - 7$

6 $6 \times 13 + 5 - 8 \div 4$

2 $16 + 27 \div 3 \times 7 - 70$

7 $26 + (3 \times 7) - 48 \div 3$

3 $77 - 51 \div 3 + 6 \times 8$

8 $85 \div 5 + 4 \times (11 - 8)$

4 $38 - (9 + 45) \div (9 \times 3)$

9 $(30 - 6 + 81 \div 9) \times 2$

5 $(13 + 7 \times 5) \div 6$

10 $65 \div (15 - 8 + 6) \times 2$

 계산해 보세요.

11   $42-5\times7+4\div2$

16   $3\times(22+3)-48\div2$

12   $5\times6\div3-4+43$

17   $36-7\times8\div14+6$

13   $(4+7)\times6-40\div8$

18   $89-96\div(3+9)\times2$

14   $34+96\div6\times2-41$

19   $(16-8)\div(192\div48)$

15   $76\div4+3\times4-6$

20   $84\div(25+54\div18)$

스스로 평가 😄 🙂 ☹️

✏️ 계산해 보세요.

1 $2 \times 7 + 75 \div 5 - 19$

6 $5 - 3 + 16 \div 8 \times 17$

2 $8 \times 4 + 2 - 35 \div 7$

7 $8 - 30 \div 10 + 3 \times 12$

3 $9 + 56 \div 4 \times 2 - 31$

8 $27 - 23 + 15 \div 5 \times 2$

4 $124 \div 4 - (7 + 6 \times 3)$

9 $5 + (5 \times 7 + 25) \div 4$

5 $32 + 20 \times (32 - 6) \div 13$

10 $84 + (144 \div 12) \times 8$

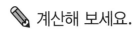 계산해 보세요.

11 $87-27+8÷2×3$

12 $8÷4+3×7-16$

13 $3+(6×9-4)÷5$

14 $25+108÷(3×12)$

15 $(37-9)÷4+6×5$

16 $7×(4+8-6)÷3$

17 $3+19-5×(8÷2)$

18 $(9+4)×(9-8÷2)$

19 $5×(9+31)÷8-4$

20 $(16×9)÷(19-7)+2$

55

✏️ 계산해 보세요.

1 $18+3\times7-4\div2$

2 $94-78+14\div2\times6$

3 $68\div(12+5)\times18$

4 $29-36\div6+8\times9$

5 $(11\times9-15)\div(6+8)$

6 $8+21\div3\times2-17$

7 $3\times8+40\div(5-3)$

8 $90\div(2+7)\times(9-5)$

9 $350\div(6-3+8\times4)$

10 $(72\times3)\div(34-28)$

✏️ 계산해 보세요.

11 $96 \div 8 + 14 \times 3 - 21$

16 $84 \div 4 - (3 + 1) \times 2$

12 $75 + 4 \div 2 \times 8 - 26$

17 $(168 \div 2 - 9) \times 2$

13 $96 + 36 \div (4 + 5)$

18 $40 - 2 \times 75 \div (8 + 7)$

14 $(4 + 8) \div 4 \times (19 - 3)$

19 $5 \times 9 - (35 + 5) \div 8$

15 $15 + 4 \times (28 - 2) \div 2$

20 $324 \div (4 \times 5 - 8) + 15$

✏️ 계산이 잘못된 부분을 찾아 바르게 계산하여 답을 구해 보세요.

$$9 \div 3 \times 8 + 7 - 18 = 27$$

$$92 \div 4 + (5-2) \times 3 = 78$$

$$11 \times 8 - 36 \div (4+5) = 74$$

✎ 주어진 가로 · 세로 열쇠를 보고 퍼즐을 완성해 보세요.

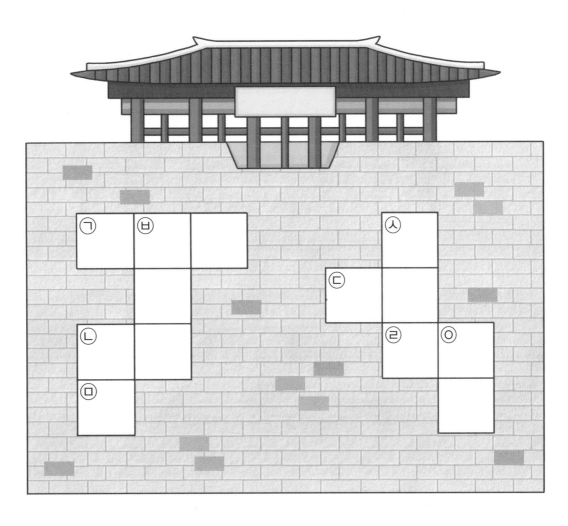

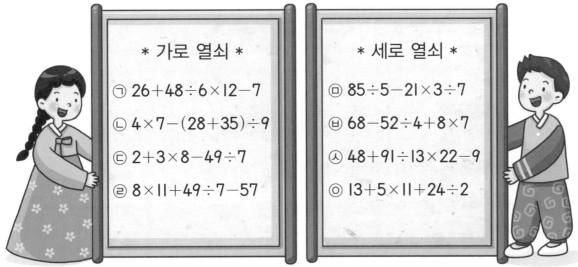

＊ 가로 열쇠 ＊

㉠ 26＋48÷6×12－7

㉡ 4×7－(28＋35)÷9

㉢ 2＋3×8－49÷7

㉣ 8×11＋49÷7－57

＊ 세로 열쇠 ＊

㉤ 85÷5－21×3÷7

㉥ 68－52÷4＋8×7

㉦ 48＋91÷13×22－9

㉧ 13＋5×11＋24÷2

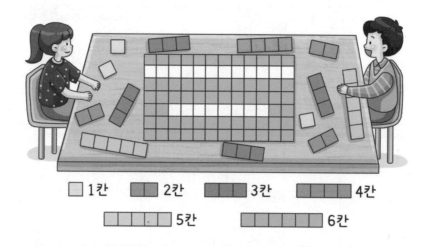

□ 1칸   ▨ 2칸   ▨▨ 3칸   ▨▨▨ 4칸

▨▨▨▨ 5칸   ▨▨▨▨▨ 6칸

✅ 비어 있는 두 곳을 조각으로 채우려고 합니다. 8칸과 12칸을 채울 수 있는 조각은 어느 것인가요?

어떤 수를 나누어떨어지게 하는 수를 그 수의 약수라고 합니다.

$8 \div 1 = 8$ $8 \div 2 = 4$ $8 \div 3 = 2 \cdots 2$ $8 \div 4 = 2$

$8 \div 5 = 1 \cdots 3$ $8 \div 6 = 1 \cdots 2$ $8 \div 7 = 1 \cdots 1$ $8 \div 8 = 1$

8을 나누어떨어지게 하는 수: 1, 2, 4, 8

➡ 8의 약수: 1, 2, 4, 8

$12 \div 1 = 12$ $12 \div 2 = 6$ $12 \div 3 = 4$ $12 \div 4 = 3$

$12 \div 5 = 2 \cdots 2$ $12 \div 6 = 2$ $12 \div 7 = 1 \cdots 5$ $12 \div 8 = 1 \cdots 4$

$12 \div 9 = 1 \cdots 3$ $12 \div 10 = 1 \cdots 2$ $12 \div 11 = 1 \cdots 1$ $12 \div 12 = 1$

12를 나누어떨어지게 하는 수: 1, 2, 3, 4, 6, 12

➡ 12의 약수: 1, 2, 3, 4, 6, 12

8칸을 채울 수 있는 조각은 8의 약수인 1칸, 2칸, 4칸짜리이고,
12칸을 채울 수 있는 조각은 12의 약수인 1칸, 2칸, 3칸, 4칸, 6칸짜리예요.

학습계획

일차	1일 학습	2일 학습	3일 학습	4일 학습	5일 학습
공부할 날	월 일	월 일	월 일	월 일	월 일

✅ **공약수와 최대공약수**

두 수의 공통된 약수는 공약수라 하고,

공약수 중에서 가장 큰 수는 최대공약수라고 합니다.

⟨예⟩ 8의 약수: 1, 2, 4, 8

20의 약수: 1, 2, 4, 5, 10, 20

8과 20의 공약수: 1, 2, 4 ← 8과 20의 공통된 약수

8과 20의 최대공약수: 4 ← 공약수 중에서 가장 큰 수

> 두 수의 공약수에 1은
> 항상 포함돼요.

✅ **최대공약수 구하는 방법**

방법 1 곱셈식 이용하기

(1) $(6, 9)$의 최대공약수 구하기

$6 = 2 \times 3$

$9 = 3 \times 3$

➡ 6과 9의 최대공약수: 3

> 두 수의 곱으로 나타낸 곱셈식에서
> 공통으로 들어 있는 수가
> 최대공약수예요.

(2) $(12, 30)$의 최대공약수 구하기

$12 = 2 \times 2 \times 3$

$30 = 2 \times 3 \times 5$

➡ 12와 30의 최대공약수: $2 \times 3 = 6$

> 여러 수의 곱으로 나타낸 곱셈식에서
> 공통으로 들어 있는 곱셈식이
> 최대공약수예요.

방법 2 공약수 이용하기

$(12, 18)$의 최대공약수 구하기

12와 18의 공약수 →	2) 12 18
6과 9의 공약수 →	3) 6 9
	2 3 → 1 이외의 공약수가 없어요.

$2 \times 3 = 6$ ➡ 12와 18의 최대공약수

① 1 이외의 공약수로 12와 18을 나누고 각각의 몫을 밑에 씁니다.

② 1 이외의 공약수로 밑에 쓴 두 몫을 나누고 각각의 몫을 밑에 씁니다.

③ 1 이외의 공약수가 없을 때까지 나눗셈을 계속합니다.

④ 나눈 공약수들의 곱이 처음 두 수의 최대공약수가 됩니다.

도전! 8분!

✏️ 두 수의 약수를 각각 구하고 공약수를 구해 보세요.

1 (6, 8)

┌─ 6의 약수 ──────────┐
│   │
└──────────────────────┘

┌─ 8의 약수 ──────────┐
│   │
└──────────────────────┘

➡ 6과 8의 공약수 _____

2 (12, 15)

┌─ 12의 약수 ─────────┐
│   │
└──────────────────────┘

┌─ 15의 약수 ─────────┐
│   │
└──────────────────────┘

➡ 12와 15의 공약수 _____

3 (14, 7)

┌─ 14의 약수 ─────────┐
│   │
└──────────────────────┘

┌─ 7의 약수 ──────────┐
│   │
└──────────────────────┘

➡ 14와 7의 공약수 _____

4 (9, 27)

┌─ 9의 약수 ──────────┐
│   │
└──────────────────────┘

┌─ 27의 약수 ─────────┐
│   │
└──────────────────────┘

➡ 9와 27의 공약수 _____

5 (32, 40)

┌─ 32의 약수 ─────────┐
│   │
└──────────────────────┘

┌─ 40의 약수 ─────────┐
│   │
└──────────────────────┘

➡ 32와 40의 공약수 _____

6 (5, 30)

┌─ 5의 약수 ──────────┐
│   │
└──────────────────────┘

┌─ 30의 약수 ─────────┐
│   │
└──────────────────────┘

➡ 5와 30의 공약수 _____

5주

✏️ 두 수의 약수를 각각 구하고 공약수를 구해 보세요.

7 (4, 10)

┌─ 4의 약수 ──────────┐
│   │
└────────────────────┘

┌─ 10의 약수 ─────────┐
│   │
└────────────────────┘

➡ 4와 10의 공약수 _____

10 (16, 12)

┌─ 16의 약수 ─────────┐
│   │
└────────────────────┘

┌─ 12의 약수 ─────────┐
│   │
└────────────────────┘

➡ 16과 12의 공약수 _____

8 (21, 3)

┌─ 21의 약수 ─────────┐
│   │
└────────────────────┘

┌─ 3의 약수 ──────────┐
│   │
└────────────────────┘

➡ 21과 3의 공약수 _____

11 (18, 9)

┌─ 18의 약수 ─────────┐
│   │
└────────────────────┘

┌─ 9의 약수 ──────────┐
│   │
└────────────────────┘

➡ 18과 9의 공약수 _____

9 (35, 15)

┌─ 35의 약수 ─────────┐
│   │
└────────────────────┘

┌─ 15의 약수 ─────────┐
│   │
└────────────────────┘

➡ 35와 15의 공약수 _____

12 (20, 28)

┌─ 20의 약수 ─────────┐
│   │
└────────────────────┘

┌─ 28의 약수 ─────────┐
│   │
└────────────────────┘

➡ 20과 28의 공약수 _____

스스로 평가 😄 🙂 🙁

✏️ 빈 곳에 알맞은 수를 써넣으세요.

1

(6, 15)	
공약수	
최대공약수	

6

(10, 25)	
공약수	
최대공약수	

2

(2, 10)	
공약수	
최대공약수	

7

(11, 22)	
공약수	
최대공약수	

3

(5, 20)	
공약수	
최대공약수	

8

(12, 14)	
공약수	
최대공약수	

4

(4, 22)	
공약수	
최대공약수	

9

(20, 16)	
공약수	
최대공약수	

5

(8, 20)	
공약수	
최대공약수	

10

(3, 15)	
공약수	
최대공약수	

✏️ 빈 곳에 알맞은 수를 써넣으세요.

11

(3, 9)	
공약수	
최대공약수	

16

(10, 30)	
공약수	
최대공약수	

12

(16, 8)	
공약수	
최대공약수	

17

(14, 28)	
공약수	
최대공약수	

13

(30, 45)	
공약수	
최대공약수	

18

(18, 45)	
공약수	
최대공약수	

14

(24, 6)	
공약수	
최대공약수	

19

(12, 30)	
공약수	
최대공약수	

15

(36, 8)	
공약수	
최대공약수	

20

(24, 10)	
공약수	
최대공약수	

스스로 평가 😄 ☺️ ☹️

✏️ 보기와 같이 두 수를 가장 작은 수들의 곱으로 나타내어 두 수의 최대공약수를 구해 보세요.

보기

(8, 12)

$8 = \underline{\quad 2 \times 2 \times 2 \quad}$

$12 = \underline{\quad 2 \times 2 \times 3 \quad}$

➡ 최대공약수 $\underline{\quad 2 \times 2 = 4 \quad}$

3 (36, 9)

$36 = \underline{\qquad\qquad}$

$9 = \underline{\qquad\qquad}$

➡ 최대공약수 $\underline{\qquad\qquad}$

1 (6, 21)

$6 = \underline{\qquad\qquad}$

$21 = \underline{\qquad\qquad}$

➡ 최대공약수 $\underline{\qquad\qquad}$

4 (18, 20)

$18 = \underline{\qquad\qquad}$

$20 = \underline{\qquad\qquad}$

➡ 최대공약수 $\underline{\qquad\qquad}$

2 (14, 10)

$14 = \underline{\qquad\qquad}$

$10 = \underline{\qquad\qquad}$

➡ 최대공약수 $\underline{\qquad\qquad}$

5 (24, 6)

$24 = \underline{\qquad\qquad}$

$6 = \underline{\qquad\qquad}$

➡ 최대공약수 $\underline{\qquad\qquad}$

5
주

✏️ 두 수를 가장 작은 수들의 곱으로 나타내어 두 수의 최대공약수를 구해 보세요.

6 (4, 44)

4 = _____

44 = _____

➡️ 최대공약수 _____

9 (10, 20)

10 = _____

20 = _____

➡️ 최대공약수 _____

7 (8, 60)

8 = _____

60 = _____

➡️ 최대공약수 _____

10 (15, 25)

15 = _____

25 = _____

➡️ 최대공약수 _____

8 (27, 9)

27 = _____

9 = _____

➡️ 최대공약수 _____

11 (16, 40)

16 = _____

40 = _____

➡️ 최대공약수 _____

스스로
평가 😄 🙂 🙁

공약수와 최대공약수

✏️ 보기 와 같이 두 수를 공약수로 나누어 두 수의 최대공약수를 구해 보세요.

보기

$$3 \overline{)\ 9 \quad 36}$$
$$3 \overline{)\ 3 \quad 12}$$
$$\ 1 \quad \ 4$$

➡ 최대공약수 ___3×3=9___

---

3 $\overline{)\ 15 \quad 5}$

➡ 최대공약수 _____

---

1 $\overline{)\ 3 \quad 12}$

➡ 최대공약수 _____

---

4 $\overline{)\ 12 \quad 18}$

➡ 최대공약수 _____

---

2 $\overline{)\ 20 \quad 24}$

➡ 최대공약수 _____

---

5 $\overline{)\ 16 \quad 8}$

➡ 최대공약수 _____

두 수를 공약수로 나누어 두 수의 최대공약수를 구해 보세요.

6　　) 6　20

➡ 최대공약수 _____

9　　)18　30

➡ 최대공약수 _____

7　　) 8　24

➡ 최대공약수 _____

10　　)16　20

➡ 최대공약수 _____

8　　)36　4

➡ 최대공약수 _____

11　　)27　9

➡ 최대공약수 _____

✏️ 두 수의 최대공약수를 구해 보세요.

1 (2, 8)

➡️ 최대공약수 _____

6 (6, 12)

➡️ 최대공약수 _____

2 (12, 10)

➡️ 최대공약수 _____

7 (4, 16)

➡️ 최대공약수 _____

3 (15, 9)

➡️ 최대공약수 _____

8 (18, 6)

➡️ 최대공약수 _____

4 (28, 8)

➡️ 최대공약수 _____

9 (40, 24)

➡️ 최대공약수 _____

5 (7, 21)

➡️ 최대공약수 _____

10 (18, 27)

➡️ 최대공약수 _____

✏️ 두 수의 최대공약수를 구해 보세요.

11 (8, 10)

➡ 최대공약수 _____

16 (9, 21)

➡ 최대공약수 _____

12 (21, 15)

➡ 최대공약수 _____

17 (25, 20)

➡ 최대공약수 _____

13 (20, 24)

➡ 최대공약수 _____

18 (16, 40)

➡ 최대공약수 _____

14 (10, 30)

➡ 최대공약수 _____

19 (14, 21)

➡ 최대공약수 _____

15 (18, 12)

➡ 최대공약수 _____

20 (12, 36)

➡ 최대공약수 _____

스스로
평가 😄 🙂 😟

두 수의 공약수를 구해 보세요.

갈림길에서 두 수의 최대공약수를 구한 다음 더 큰 쪽을 따라가 보세요.

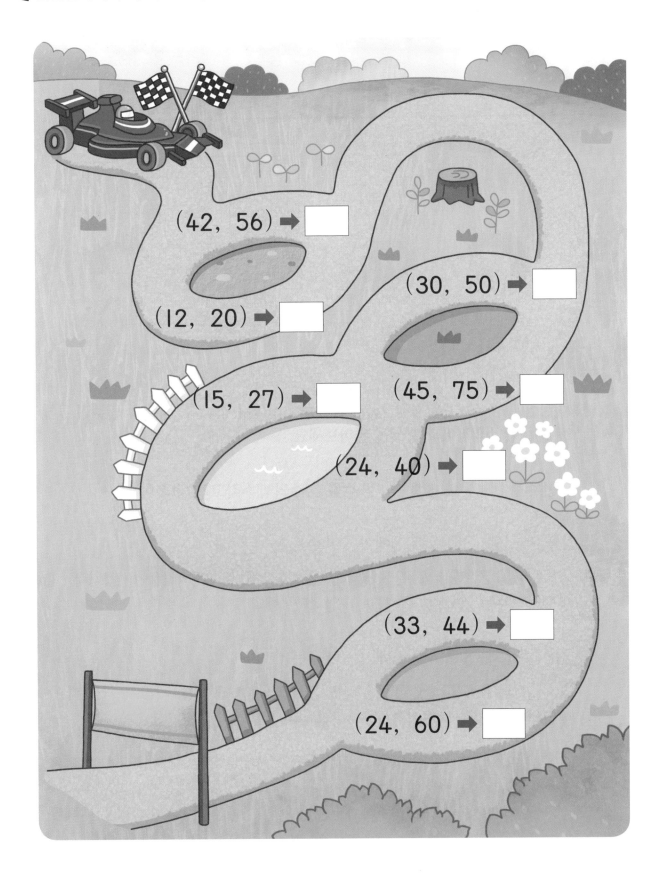

(42, 56) ➡ ☐

(30, 50) ➡ ☐

(12, 20) ➡ ☐

(15, 27) ➡ ☐

(45, 75) ➡ ☐

(24, 40) ➡ ☐

(33, 44) ➡ ☐

(24, 60) ➡ ☐

✅ 수영장에 승우는 2일마다 가고, 연주는 3일마다 갑니다. 승우와 연주가 7월 한 달 동안 수영장에 가는 날을 알아보세요.

어떤 수를 1배, 2배, 3배…… 한 수를 그 수의 배수라고 합니다.

2를 1배, 2배, 3배, 4배, 5배…… 한 수는

$2 \times 1 = 2$, $2 \times 2 = 4$, $2 \times 3 = 6$, $2 \times 4 = 8$, $2 \times 5 = 10$……입니다.

➡ 2의 배수는 2, 4, 6, 8, 10……입니다.

3을 1배, 2배, 3배, 4배, 5배…… 한 수는

$3 \times 1 = 3$, $3 \times 2 = 6$, $3 \times 3 = 9$, $3 \times 4 = 12$, $3 \times 5 = 15$……입니다.

➡ 3의 배수는 3, 6, 9, 12, 15……입니다.

승우가 수영장에 가는 날은 2의 배수인 2일, 4일, 6일, 8일, 10일……이고, 연주가 수영장에 가는 날은 3의 배수인 3일, 6일, 9일, 12일, 15일……이에요.

✅ 공배수와 최소공배수

두 수의 공통된 배수는 공배수라 하고,
공배수 중에서 가장 작은 수를 최소공배수라고 합니다.

> 어떤 두 수의 공배수는 셀 수 없이 많아요.

(예) 4의 배수: 4, 8, 12, 16, 20, 24, 28, 32, 36, 40, 44, 48, 52, 56, 60……
　　 5의 배수: 5, 10, 15, 20, 25, 30, 35, 40, 45, 50, 55, 60, 65……
　　 4와 5의 공배수: 20, 40, 60…… → 4와 5의 공통된 배수
　　 4와 5의 최소공배수: 20 → 공배수 중에서 가장 작은 수

✅ 최소공배수 구하는 방법

방법 1 **곱셈식 이용하기**

> 공통된 수와 나머지 수를 곱하면 최소공배수가 돼요.

(8, 12)의 최소공배수 구하기

$8 = 2 \times 2 \times 2$

$12 = 2 \times 2 \times 3$

➡ 8과 12의 최소공배수: $2 \times 2 \times 2 \times 3 = 24$

방법 2 **공약수 이용하기**

(27, 36)의 최소공배수 구하기

27과 36의 공약수 → 3) 27　　36
9와 12의 공약수 → 3) 9　　12
　　　　　　　　　　　　3　　4　 → 1 이외의 공약수가 없어요.

→ $3 \times 3 \times 3 \times 4 = 108$ ➡ 27과 36의 최소공배수

① 1 이외의 공약수로 27과 36을 나누고 각각의 몫을 밑에 씁니다.
② 1 이외의 공약수로 밑에 쓴 두 몫을 나누고 각각의 몫을 밑에 씁니다.
③ 1 이외의 공약수가 없을 때까지 나눗셈을 계속합니다.
④ 나눈 공약수와 밑에 남은 몫을 모두 곱하면 처음 두 수의 최소공배수가 됩니다.

공배수와 최소공배수

✏️ 두 수의 배수를 각각 구하고 공배수를 구해 보세요. (단, 공배수는 가장 작은 수부터 차례로 3개를 쓰세요.)

1 (2, 4)

┌─ 2의 배수 ─────────────┐
│   │
└────────────────────────┘

┌─ 4의 배수 ─────────────┐
│   │
└────────────────────────┘

➡ 2와 4의 공배수

_____

2 (3, 6)

┌─ 3의 배수 ─────────────┐
│   │
└────────────────────────┘

┌─ 6의 배수 ─────────────┐
│   │
└────────────────────────┘

➡ 3과 6의 공배수

_____

3 (6, 9)

┌─ 6의 배수 ─────────────┐
│   │
└────────────────────────┘

┌─ 9의 배수 ─────────────┐
│   │
└────────────────────────┘

➡ 6과 9의 공배수

_____

4 (14, 7)

┌─ 14의 배수 ────────────┐
│   │
└────────────────────────┘

┌─ 7의 배수 ─────────────┐
│   │
└────────────────────────┘

➡ 14와 7의 공배수

_____

5 (18, 9)

┌─ 18의 배수 ────────────┐
│   │
└────────────────────────┘

┌─ 9의 배수 ─────────────┐
│   │
└────────────────────────┘

➡ 18과 9의 공배수

_____

6 (36, 18)

┌─ 36의 배수 ────────────┐
│   │
└────────────────────────┘

┌─ 18의 배수 ────────────┐
│   │
└────────────────────────┘

➡ 36과 18의 공배수

_____

✏️ 두 수의 배수를 각각 구하고 공배수를 구해 보세요. (단, 공배수는 가장 작은 수부터 차례로 3개를 쓰세요.)

6 주

7 (8, 16)

┌─ 8의 배수 ──────────┐
│   │
└──────────────────┘

┌─ 16의 배수 ─────────┐
│   │
└──────────────────┘

➡ 8과 16의 공배수

_____

10 (12, 9)

┌─ 12의 배수 ─────────┐
│   │
└──────────────────┘

┌─ 9의 배수 ──────────┐
│   │
└──────────────────┘

➡ 12와 9의 공배수

_____

8 (5, 15)

┌─ 5의 배수 ──────────┐
│   │
└──────────────────┘

┌─ 15의 배수 ─────────┐
│   │
└──────────────────┘

➡ 5와 15의 공배수

_____

11 (11, 22)

┌─ 11의 배수 ─────────┐
│   │
└──────────────────┘

┌─ 22의 배수 ─────────┐
│   │
└──────────────────┘

➡ 11과 22의 공배수

_____

9 (6, 10)

┌─ 6의 배수 ──────────┐
│   │
└──────────────────┘

┌─ 10의 배수 ─────────┐
│   │
└──────────────────┘

➡ 6과 10의 공배수

_____

12 (34, 17)

┌─ 34의 배수 ─────────┐
│   │
└──────────────────┘

┌─ 17의 배수 ─────────┐
│   │
└──────────────────┘

➡ 34와 17의 공배수

_____

스스로 평가 😄 🙂 😞

공배수와 최소공배수

도전! 10분!

✏️ 빈 곳에 알맞은 수를 써넣으세요. (단, 공배수는 가장 작은 수부터 차례로 3개를 쓰세요.)

1 (4, 10)

공배수	
최소공배수	

6 (6, 4)

공배수	
최소공배수	

2 (6, 9)

공배수	
최소공배수	

7 (33, 22)

공배수	
최소공배수	

3 (8, 12)

공배수	
최소공배수	

8 (21, 63)

공배수	
최소공배수	

4 (10, 25)

공배수	
최소공배수	

9 (12, 20)

공배수	
최소공배수	

5 (15, 3)

공배수	
최소공배수	

10 (18, 24)

공배수	
최소공배수	

✎ 빈 곳에 알맞은 수를 써넣으세요. (단, 공배수는 가장 작은 수부터 차례로 3개를 쓰세요.)

11 | (20, 24) | |
|---|---|
| 공배수 | |
| 최소공배수 | |

16 | (39, 6) | |
|---|---|
| 공배수 | |
| 최소공배수 | |

12 | (15, 9) | |
|---|---|
| 공배수 | |
| 최소공배수 | |

17 | (14, 21) | |
|---|---|
| 공배수 | |
| 최소공배수 | |

13 | (60, 12) | |
|---|---|
| 공배수 | |
| 최소공배수 | |

18 | (60, 45) | |
|---|---|
| 공배수 | |
| 최소공배수 | |

14 | (16, 40) | |
|---|---|
| 공배수 | |
| 최소공배수 | |

19 | (34, 17) | |
|---|---|
| 공배수 | |
| 최소공배수 | |

15 | (12, 18) | |
|---|---|
| 공배수 | |
| 최소공배수 | |

20 | (27, 36) | |
|---|---|
| 공배수 | |
| 최소공배수 | |

스스로 평가 😄 🙂 🙁

✏️ 보기 와 같이 두 수를 가장 작은 수들의 곱으로 나타내어 두 수의 최소공배수를 구해 보세요.

보기

$(4,\ 8)$

$4=$ $\underline{\qquad 2\times 2 \qquad}$

$8=$ $\underline{\qquad 2\times 2\times 2 \qquad}$

➡ 최소공배수 $\underline{2\times 2\times 2=8}$

3 $(30,\ 15)$

$30=$ _____

$15=$ _____

➡ 최소공배수 _____

1 $(20,\ 10)$

$20=$ _____

$10=$ _____

➡ 최소공배수 _____

4 $(14,\ 21)$

$14=$ _____

$21=$ _____

➡ 최소공배수 _____

2 $(16,\ 12)$

$16=$ _____

$12=$ _____

➡ 최소공배수 _____

5 $(32,\ 16)$

$32=$ _____

$16=$ _____

➡ 최소공배수 _____

✏ 두 수를 가장 작은 수들의 곱으로 나타내어 두 수의 최소공배수를 구해 보세요.

6 (10, 25)

10 = _____

25 = _____

➡ 최소공배수 _____

9 (22, 33)

22 = _____

33 = _____

➡ 최소공배수 _____

7 (18, 24)

18 = _____

24 = _____

➡ 최소공배수 _____

10 (28, 14)

28 = _____

14 = _____

➡ 최소공배수 _____

8 (27, 18)

27 = _____

18 = _____

➡ 최소공배수 _____

11 (20, 30)

20 = _____

30 = _____

➡ 최소공배수 _____

스스로
평가

81

공배수와 최소공배수

도전! 8분!

✏️ 보기 와 같이 두 수를 공약수로 나누어 두 수의 최소공배수를 구해 보세요.

보기

$$2\,)\,\overline{12\quad 18}$$
$$3\,)\,\overline{6\quad9}$$
$$\,2\quad3$$

➡ 최소공배수

$$2\times3\times2\times3=36$$

---

3 $)\,\overline{36\quad 8}$

➡ 최소공배수 _____

---

1 $)\,\overline{6\quad 9}$

➡ 최소공배수 _____

---

4 $)\,\overline{10\quad 30}$

➡ 최소공배수 _____

---

2 $)\,\overline{16\quad 24}$

➡ 최소공배수 _____

---

5 $)\,\overline{30\quad 45}$

➡ 최소공배수 _____

✎ 두 수를 공약수로 나누어 두 수의 최소공배수를 구해 보세요.

6   ) 20   45

➡ 최소공배수 _____

9   ) 15   60

➡ 최소공배수 _____

7   ) 24   18

➡ 최소공배수 _____

10   ) 42   28

➡ 최소공배수 _____

8   ) 25   50

➡ 최소공배수 _____

11   ) 36   54

➡ 최소공배수 _____

도전! 10분!

✏️ 두 수의 최소공배수를 구해 보세요.

1 (3, 9)

➡ 최소공배수 _____

2 (18, 24)

➡ 최소공배수 _____

3 (10, 12)

➡ 최소공배수 _____

4 (8, 6)

➡ 최소공배수 _____

5 (16, 32)

➡ 최소공배수 _____

6 (21, 12)

➡ 최소공배수 _____

7 (33, 22)

➡ 최소공배수 _____

8 (15, 18)

➡ 최소공배수 _____

9 (20, 16)

➡ 최소공배수 _____

10 (63, 21)

➡ 최소공배수 _____

✏️ 두 수의 최소공배수를 구해 보세요.

6
주

11 (9, 6)

➡ 최소공배수 _____

16 (13, 65)

➡ 최소공배수 _____

12 (8, 26)

➡ 최소공배수 _____

17 (21, 14)

➡ 최소공배수 _____

13 (24, 9)

➡ 최소공배수 _____

18 (35, 10)

➡ 최소공배수 _____

14 (40, 12)

➡ 최소공배수 _____

19 (24, 36)

➡ 최소공배수 _____

15 (18, 30)

➡ 최소공배수 _____

20 (19, 76)

➡ 최소공배수 _____

스스로 평가 😄 ☺ 😟

✏️ 나란한 기차 3칸에 쓰여 있는 두 수의 최소공배수가 가장 큰 칸에 ○표 하세요.

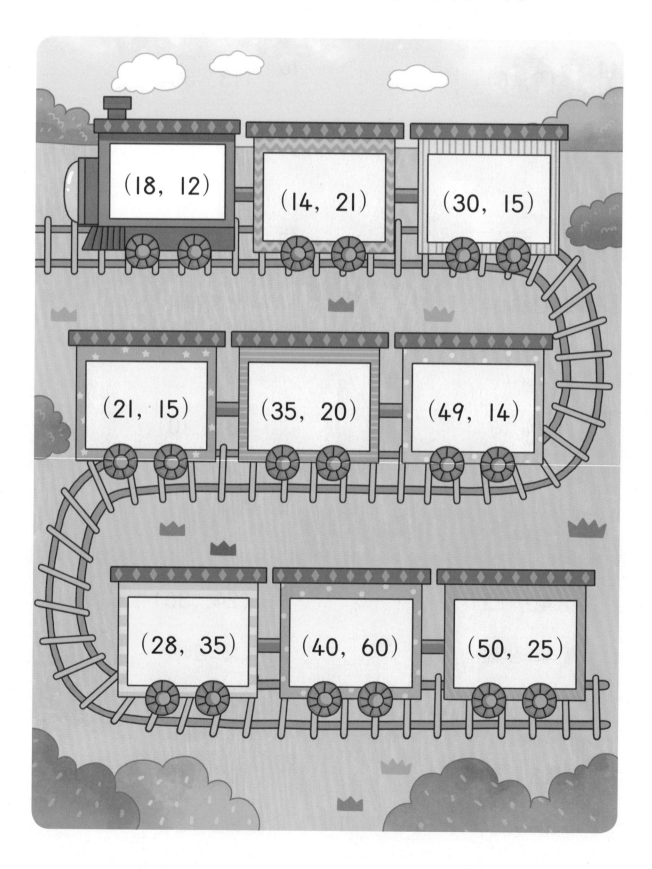

(18, 12)   (14, 21)   (30, 15)

(21, 15)   (35, 20)   (49, 14)

(28, 35)   (40, 60)   (50, 25)

✏️ 지수와 준호는 빙고 놀이를 합니다. 빙고판에서 12와 18의 공배수를 모두 찾아 색칠하여 가로, 세로, 대각선 중 한 줄을 완성하면 이깁니다. 두 친구의 빙고판을 색칠해 보고, 이긴 사람은 누구인지 써 보세요.

12	90	150	30	108
136	48	15	216	100
186	210	36	99	18
63	144	60	252	120
72	81	288	54	160

지수

203	99	132	160	36
16	54	114	72	14
144	108	162	180	54
150	252	24	30	120
149	84	49	310	102

준호

빙고 놀이를 이긴 사람은 　　　　입니다.

최대공약수와 최소공배수

$18 = 2 \times 3 \times 3$

$27 = 3 \times 3 \times 3$

$3 \overline{)18 \quad 27}$
$3 \overline{)6 \quad 9}$
$\quad 2 \quad 3$

18과 27의 최대공약수와 최소공배수를 곱셈식과 공약수로 구해 봅니다.

· 곱셈식 이용하기: 두 수를 1이 아닌 가장 작은 수들의 곱으로 나타냅니다.

$$\begin{array}{l} 18 = 2 \times 3 \times 3 \\ 27 = 3 \times 3 \times 3 \end{array} \quad \Rightarrow \quad \begin{array}{l} \text{최대공약수: } 3 \times 3 = 9 \\ \text{최소공배수: } 3 \times 3 \times 2 \times 3 = 54 \end{array}$$

> 공통으로 들어 있는 수들의 곱이 최대공약수이고
> 최대공약수에 나머지 수들을 곱한 것이 최소공배수예요.

· 공약수를 이용하기: 두 수의 공약수로 나누어 구합니다.

$3 \overline{)18 \quad 27}$
$3 \overline{)6 \quad 9}$
$\quad 2 \quad 3$
$\Rightarrow \quad \begin{array}{l} \text{최대공약수: } 3 \times 3 = 9 \\ \text{최소공배수: } 3 \times 3 \times 2 \times 3 = 54 \end{array}$

> 공약수의 곱이 최대공약수예요.
> 최대공약수에 나머지 수들을 곱한 것이 최소공배수예요.

✅ 곱셈식을 이용하여 최대공약수와 최소공배수 구하기

· 12와 42의 최대공약수와 최소공배수 구하기

$$12 = 2 \times 2 \times 3 \implies \text{최대공약수: } 2 \times 3 = 6$$
$$42 = 2 \times 3 \times 7 \qquad \text{최소공배수: } 2 \times 3 \times 2 \times 7 = 84$$

✅ 공약수를 이용하여 최대공약수와 최소공배수 구하기

공약수로 나누어떨어지지 않을 때까지 계속 나눕니다.

$$
\begin{array}{r|cc}
5 & 10 & 15 \\
\hline
 & 2 & 3
\end{array}
\implies
\begin{array}{l}
\text{최대공약수: } 5 \\
\text{최소공배수: } 5 \times 2 \times 3 = 30
\end{array}
$$

$$
\begin{array}{r|cc}
2 & 16 & 20 \\
\hline
2 & 8 & 10 \\
\hline
 & 4 & 5
\end{array}
\implies
\begin{array}{l}
\text{최대공약수: } 2 \times 2 = 4 \\
\text{최소공배수: } 2 \times 2 \times 4 \times 5 = 80
\end{array}
$$

참고 공약수와 최대공약수, 공배수와 최소공배수의 관계

$$
\begin{array}{r|cc}
2 & 12 & 18 \\
\hline
3 & 6 & 9 \\
\hline
 & 2 & 3
\end{array}
$$

┌ 최대공약수: $2 \times 3 = 6$
└ 공약수: 6의 약수 ➡ 1, 2, 3, 6
　　　　두 수의 공약수는 최대공약수의 약수와 같습니다.

┌ 최소공배수: $2 \times 3 \times 2 \times 3 = 36$
└ 공배수: 36의 배수 ➡ 36, 72, 108 ……
　　　　두 수의 공배수는 최소공배수의 배수와 같습니다.

📝 개념 쏙쏙 노트

· 공통으로 들어 있는 수들의 곱은 최대공약수, 최대공약수에 나머지 수들을 곱한 것은 최소공배수입니다.

최대공약수와 최소공배수

✏️ 보기와 같이 두 수를 가장 작은 수들의 곱으로 나타내어 최대공약수와 최소공배수를 구해 보세요.

보기

(6, 18)

6 = _____ 2×3 _____

18 = _____ 2×3×3 _____

➡️ 최대공약수 _____ 2×3=6 _____

　최소공배수 _____ 2×3×3=18 _____

3 (8, 14)

8 = _____

14 = _____

➡️ 최대공약수 _____

　최소공배수 _____

1 (9, 24)

9 = _____

24 = _____

➡️ 최대공약수 _____

　최소공배수 _____

4 (18, 10)

18 = _____

10 = _____

➡️ 최대공약수 _____

　최소공배수 _____

2 (6, 15)

6 = _____

15 = _____

➡️ 최대공약수 _____

　최소공배수 _____

5 (30, 18)

30 = _____

18 = _____

➡️ 최대공약수 _____

　최소공배수 _____

✏️ 보기 와 같이 두 수를 공약수로 나누어 최대공약수와 최소공배수를 구해 보세요.

보기

$$2\,)\,\underline{12\quad 16}$$
$$2\,)\,\underline{\;6\quad\; 8}$$
$$\quad\;\;3\quad\; 4$$

➡ 최대공약수 $2\times2=4$

    최소공배수 $2\times2\times3\times4=48$

8 $)\,10\quad 22$

➡ 최대공약수 _____

    최소공배수 _____

6 $)\,2\quad 16$

➡ 최대공약수 _____

    최소공배수 _____

9 $)\,20\quad 24$

➡ 최대공약수 _____

    최소공배수 _____

7 $)\,12\quad 8$

➡ 최대공약수 _____

    최소공배수 _____

10 $)\,30\quad 36$

➡ 최대공약수 _____

    최소공배수 _____

스스로 평가 😄 🙂 ☹️

최대공약수와 최소공배수

✏️ 보기와 같이 두 수를 가장 작은 수들의 곱으로 나타내어 최대공약수와 최소공배수를 구해 보세요.

보기

(4, 24)

4 = ___2×2___

24 = ___2×2×2×3___

➡ 최대공약수 ___2×2=4___

　 최소공배수 ___2×2×2×3=24___

3 (16, 36)

16 = _____

36 = _____

➡ 최대공약수 _____

　 최소공배수 _____

1 (6, 22)

6 = _____

22 = _____

➡ 최대공약수 _____

　 최소공배수 _____

4 (24, 10)

24 = _____

10 = _____

➡ 최대공약수 _____

　 최소공배수 _____

2 (20, 25)

20 = _____

25 = _____

➡ 최대공약수 _____

　 최소공배수 _____

5 (30, 12)

30 = _____

12 = _____

➡ 최대공약수 _____

　 최소공배수 _____

✏️ 보기 와 같이 두 수를 공약수로 나누어 최대공약수와 최소공배수를 구해 보세요.

보기

$$2 \,)\, \underline{4 \quad 20}$$
$$2 \,)\, \underline{2 \quad 10}$$
$$\quad\quad 1 \quad\;\; 5$$

➡️ 최대공약수 $2 \times 2 = 4$

최소공배수 $2 \times 2 \times 5 = 20$

8 $)\, 35 \quad 25$

➡️ 최대공약수 _____

최소공배수 _____

6 $)\, 20 \quad 14$

➡️ 최대공약수 _____

최소공배수 _____

9 $)\, 24 \quad 18$

➡️ 최대공약수 _____

최소공배수 _____

7 $)\, 18 \quad 9$

➡️ 최대공약수 _____

최소공배수 _____

10 $)\, 16 \quad 36$

➡️ 최대공약수 _____

최소공배수 _____

스스로 평가 😆 ☺ ☹

93

✏️ 보기 와 같이 두 수의 최대공약수와 최소공배수를 구해 보세요.

보기

(10, 125)

10 = _____2×5_____

125 = _____5×5×5_____

➡ 최대공약수 _____5_____

최소공배수 2×5×5×5=250

---

1 (4, 18)

4 = _____

18 = _____

➡ 최대공약수 _____

최소공배수 _____

---

2 (6, 9)

6 = _____

9 = _____

➡ 최대공약수 _____

최소공배수 _____

---

3 (40, 12)

40 = _____

12 = _____

➡ 최대공약수 _____

최소공배수 _____

---

4 (9, 15)

9 = _____

15 = _____

➡ 최대공약수 _____

최소공배수 _____

---

5 (20, 10)

20 = _____

10 = _____

➡ 최대공약수 _____

최소공배수 _____

✏️ 보기 와 같이 두 수의 최대공약수와 최소공배수를 구해 보세요.

보기

$2\,)\,\underline{6\quad 8}$
$3\quad 4$

➡ 최대공약수 ___2___
최소공배수 $2\times3\times4=24$

8 $)\,\underline{24\quad 8}$

➡ 최대공약수 _____
최소공배수 _____

6 $)\,\underline{6\quad 12}$

➡ 최대공약수 _____
최소공배수 _____

9 $)\,\underline{20\quad 25}$

➡ 최대공약수 _____
최소공배수 _____

7 $)\,\underline{16\quad 4}$

➡ 최대공약수 _____
최소공배수 _____

10 $)\,\underline{22\quad 14}$

➡ 최대공약수 _____
최소공배수 _____

스스로 평가 😄 🙂 🙁

최대공약수와 최소공배수

✏️ 보기와 같이 두 수의 최대공약수와 최소공배수를 구해 보세요.

보기

(4, 6)

4 = ___2×2___

6 = ___2×3___

➡ 최대공약수 ___2___

최소공배수 ___2×2×3=12___

3 (14, 12)

14 = _____

12 = _____

➡ 최대공약수 _____

최소공배수 _____

1 (20, 18)

20 = _____

18 = _____

➡ 최대공약수 _____

최소공배수 _____

4 (26, 39)

26 = _____

39 = _____

➡ 최대공약수 _____

최소공배수 _____

2 (22, 8)

22 = _____

8 = _____

➡ 최대공약수 _____

최소공배수 _____

5 (45, 63)

45 = _____

63 = _____

➡ 최대공약수 _____

최소공배수 _____

보기 와 같이 두 수의 최대공약수와 최소공배수를 구해 보세요.

보기

$3 \overline{\smash{)}\ 9 \quad 12}$
    3   4

➡ 최대공약수 _____3_____
최소공배수 $3 \times 3 \times 4 = 36$

---

8 $\overline{\smash{)}\ 21 \quad 9}$

➡ 최대공약수 _____
최소공배수 _____

---

6 $\overline{\smash{)}\ 32 \quad 12}$

➡ 최대공약수 _____
최소공배수 _____

---

9 $\overline{\smash{)}\ 24 \quad 32}$

➡ 최대공약수 _____
최소공배수 _____

---

7 $\overline{\smash{)}\ 28 \quad 42}$

➡ 최대공약수 _____
최소공배수 _____

---

10 $\overline{\smash{)}\ 30 \quad 36}$

➡ 최대공약수 _____
최소공배수 _____

스스로
평가

97

✏️ 두 수의 최대공약수와 최소공배수를 구해 보세요.

1 (4, 8)

최대공약수 _____

최소공배수 _____

2 (6, 9)

최대공약수 _____

최소공배수 _____

3 (14, 20)

최대공약수 _____

최소공배수 _____

4 (25, 35)

최대공약수 _____

최소공배수 _____

5 (21, 14)

최대공약수 _____

최소공배수 _____

6 (40, 20)

최대공약수 _____

최소공배수 _____

7 (24, 32)

최대공약수 _____

최소공배수 _____

8 (18, 12)

최대공약수 _____

최소공배수 _____

✏️ ☐ 안에는 두 수의 최대공약수를, ◯ 안에는 두 수의 최소공배수를 써넣으세요.

9 ☐ 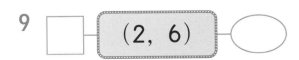 (2, 6) ◯

14 ☐ 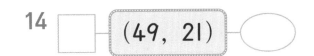 (49, 21) ◯

10 ☐ 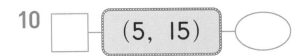 (5, 15) ◯

15 ☐ 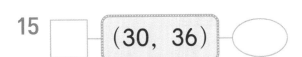 (30, 36) ◯

11 ☐ (16, 24) ◯

16 ☐ 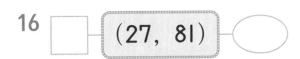 (27, 81) ◯

12 ☐ (33, 44) ◯

17 ☐  (24, 30) ◯

13 ☐ (26, 13) ◯

18 ☐ 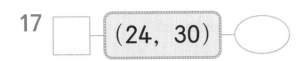 (25, 125) ◯

스스로 평가 😄 🙂 😞

99

두 수의 최대공약수와 최소공배수를 구하여 선으로 이어 보세요.

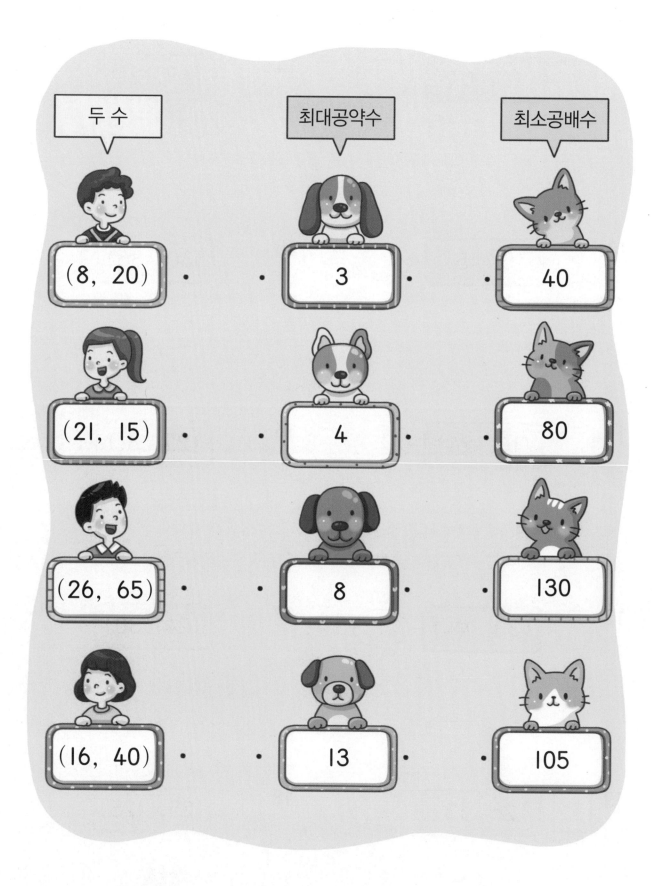

두 수	최대공약수	최소공배수
(8, 20)	3	40
(21, 15)	4	80
(26, 65)	8	130
(16, 40)	13	105

다음 4명의 용의자 중 틀린 말을 한 사람이 범인입니다. 범인은 누구인가요?

16과 40의
최대공약수는
8이야.

용의자 1

20과 50의
최소공배수는
100이야.

용의자 2

14와 21의
최소공배수는
42야.

용의자 3

42와 54의
최대공약수는
7이야.

용의자 4

최대공약수나 최소공배수를 잘못
구한 사람이 범인이야.
범인은 바로 용의자 ☐ (이)야!

✅ 은주와 지훈이는 색 테이프를 이용하여 $\frac{8}{12}$ 을 간단하게 나타내려고 합니다.

분모와 분자를 공약수로 나누어 간단히 하는 것을 약분한다고 합니다.

$\frac{8}{12}$ 과 크기가 같은 분수를 주황색 띠와 연두색 띠에서 찾으면 다음과 같습니다.

$$\frac{8}{12} = \frac{8 \div 2}{12 \div 2} = \frac{4}{6} \qquad \frac{8}{12} = \frac{8 \div 4}{12 \div 4} = \frac{2}{3}$$

➡ $\frac{8}{12}$ 과 크기가 같은 분수는 $\frac{4}{6}$, $\frac{2}{3}$ 입니다.

$\frac{8}{12}$ 을 간단하게 나타내면 $\frac{4}{6}$, $\frac{2}{3}$ 예요.

✅ 약분

- $\dfrac{12}{20}$ 를 분모와 분자의 공약수인 2, 4로 약분하기

$$\frac{12}{20} = \frac{12 \div 2}{20 \div 2} = \frac{6}{10}$$

약분하면 크기는 변하지 않고
분모와 분자의 수만 작아져요.

$$\frac{12}{20} = \frac{12 \div 4}{20 \div 4} = \frac{3}{5}$$

$$\frac{\overset{6}{\cancel{12}}}{\underset{10}{\cancel{20}}} = \frac{6}{10} \qquad \frac{\overset{3}{\cancel{12}}}{\underset{5}{\cancel{20}}} = \frac{3}{5}$$

약분 표시를 숫자 위에 /으로 한 다음 숫자 위
또는 아래에 약분한 값을 작게 써요.

> **주의** 분모와 분자를 1로 나누면 자기 자신이 되므로 약분할 때 1로 나누는 경우는
> 생각하지 않습니다.

✅ 기약분수

분모와 분자의 공약수가 1뿐인 분수를 기약분수라고 합니다.

- $\dfrac{12}{18}$ 를 기약분수로 나타내기

$$\frac{\overset{6}{\cancel{12}}}{\underset{9}{\cancel{18}}} = \frac{\overset{2}{\cancel{6}}}{\underset{3}{\cancel{9}}} = \frac{2}{3} \quad \leftarrow \text{기약분수}$$

12와 18의 최대공약수인 6으로 나누면 한 번에 기약분수로 나타낼 수 있습니다.

분모와 분자의 최대공약수로 나눠요. → $\dfrac{\overset{2}{\cancel{12}}}{\underset{3}{\cancel{18}}} = \dfrac{2}{3}$

> 📖 **개념 쏙쏙 노트**
>
> - 약분: 분모와 분자를 공약수로 나누어 간단히 하는 것
> - 기약분수: 분모와 분자의 공약수가 1뿐인 분수 ➡ 더 이상 약분할 수 없는 분수

✏️ 분수를 약분하여 나타낸 것입니다. □ 안에 알맞은 수를 써넣으세요.

1 $\dfrac{3}{6} = \dfrac{\square}{2}$

8 $\dfrac{3}{21} = \dfrac{1}{\square}$

2 $\dfrac{4}{8} = \dfrac{\square}{4} = \dfrac{\square}{2}$

9 $\dfrac{20}{24} = \dfrac{\square}{12} = \dfrac{\square}{6}$

3 $\dfrac{6}{10} = \dfrac{3}{\square}$

10 $\dfrac{15}{25} = \dfrac{\square}{5}$

4 $\dfrac{6}{12} = \dfrac{\square}{6} = \dfrac{\square}{2}$

11 $\dfrac{21}{28} = \dfrac{3}{\square}$

5 $\dfrac{3}{15} = \dfrac{1}{\square}$

12 $\dfrac{6}{30} = \dfrac{\square}{15} = \dfrac{\square}{5}$

6 $\dfrac{6}{18} = \dfrac{3}{\square} = \dfrac{1}{\square}$

13 $\dfrac{5}{35} = \dfrac{1}{\square}$

7 $\dfrac{10}{20} = \dfrac{5}{\square} = \dfrac{\square}{2}$

14 $\dfrac{4}{36} = \dfrac{\square}{18} = \dfrac{\square}{9}$

기약분수로 나타내어 보세요.

15   $\dfrac{4}{6}$ ➡ _____

16   $\dfrac{5}{10}$ ➡ _____

17   $\dfrac{3}{12}$ ➡ _____

18   $\dfrac{6}{18}$ ➡ _____

19   $\dfrac{3}{21}$ ➡ _____

20   $\dfrac{10}{25}$ ➡ _____

21   $\dfrac{2}{28}$ ➡ _____

22   $\dfrac{14}{30}$ ➡ _____

23   $\dfrac{11}{33}$ ➡ _____

24   $\dfrac{10}{35}$ ➡ _____

25   $\dfrac{9}{36}$ ➡ _____

26   $\dfrac{28}{40}$ ➡ _____

27   $\dfrac{6}{42}$ ➡ _____

28   $\dfrac{8}{48}$ ➡ _____

8 주

스스로 평가 😄 🙂 😕

✏️ 분수를 약분하여 나타낸 것입니다. ☐ 안에 알맞은 수를 써넣으세요.

1 $\dfrac{3}{9} = \dfrac{1}{\Box}$

8 $\dfrac{10}{35} = \dfrac{2}{\Box}$

2 $\dfrac{6}{12} = \dfrac{\Box}{6} = \dfrac{\Box}{2}$

9 $\dfrac{20}{36} = \dfrac{10}{18} = \dfrac{\Box}{9}$

3 $\dfrac{6}{18} = \dfrac{3}{\Box} = \dfrac{1}{\Box}$

10 $\dfrac{15}{40} = \dfrac{\Box}{8}$

4 $\dfrac{4}{22} = \dfrac{\Box}{11}$

11 $\dfrac{18}{45} = \dfrac{6}{\Box} = \dfrac{2}{\Box}$

5 $\dfrac{15}{25} = \dfrac{3}{\Box}$

12 $\dfrac{4}{48} = \dfrac{\Box}{24} = \dfrac{\Box}{12}$

6 $\dfrac{12}{28} = \dfrac{6}{\Box} = \dfrac{3}{\Box}$

13 $\dfrac{6}{56} = \dfrac{\Box}{28}$

7 $\dfrac{12}{32} = \dfrac{\Box}{16} = \dfrac{\Box}{8}$

14 $\dfrac{21}{60} = \dfrac{\Box}{20}$

🖊 기약분수로 나타내어 보세요.

15 $\dfrac{6}{9}$ ➡ _____

16 $\dfrac{3}{12}$ ➡ _____

17 $\dfrac{6}{15}$ ➡ _____

18 $\dfrac{6}{18}$ ➡ _____

19 $\dfrac{14}{24}$ ➡ _____

20 $\dfrac{21}{30}$ ➡ _____

21 $\dfrac{2}{34}$ ➡ _____

22 $\dfrac{7}{42}$ ➡ _____

23 $\dfrac{4}{46}$ ➡ _____

24 $\dfrac{4}{52}$ ➡ _____

25 $\dfrac{10}{55}$ ➡ _____

26 $\dfrac{12}{60}$ ➡ _____

27 $\dfrac{24}{64}$ ➡ _____

28 $\dfrac{6}{68}$ ➡ _____

8주

스스로 평가 😄 ☺ ☹

✏️ 분수를 약분하여 나타낸 것입니다. □ 안에 알맞은 수를 써넣으세요.

1 $\dfrac{4}{12} = \dfrac{\square}{6} = \dfrac{\square}{3}$

2 $\dfrac{6}{18} = \dfrac{\square}{9} = \dfrac{\square}{3}$

3 $\dfrac{6}{26} = \dfrac{3}{\square}$

4 $\dfrac{9}{36} = \dfrac{\square}{12} = \dfrac{\square}{4}$

5 $\dfrac{12}{40} = \dfrac{\square}{20} = \dfrac{\square}{10}$

6 $\dfrac{25}{50} = \dfrac{5}{10} = \dfrac{\square}{2}$

7 $\dfrac{7}{56} = \dfrac{1}{\square}$

8 $\dfrac{12}{16} = \dfrac{\square}{8} = \dfrac{\square}{4}$

9 $\dfrac{6}{20} = \dfrac{\square}{10}$

10 $\dfrac{12}{32} = \dfrac{6}{\square} = \dfrac{3}{\square}$

11 $\dfrac{6}{38} = \dfrac{\square}{19}$

12 $\dfrac{6}{46} = \dfrac{3}{\square}$

13 $\dfrac{4}{52} = \dfrac{2}{\square} = \dfrac{1}{\square}$

14 $\dfrac{21}{60} = \dfrac{\square}{20}$

✏️ 기약분수로 나타내어 보세요.

15 $\dfrac{3}{12}$ ➡ _____

16 $\dfrac{4}{14}$ ➡ _____

17 $\dfrac{9}{18}$ ➡ _____

18 $\dfrac{12}{21}$ ➡ _____

19 $\dfrac{9}{24}$ ➡ _____

20 $\dfrac{2}{26}$ ➡ _____

21 $\dfrac{6}{30}$ ➡ _____

22 $\dfrac{6}{34}$ ➡ _____

23 $\dfrac{4}{36}$ ➡ _____

24 $\dfrac{6}{38}$ ➡ _____

25 $\dfrac{3}{39}$ ➡ _____

26 $\dfrac{9}{42}$ ➡ _____

27 $\dfrac{7}{49}$ ➡ _____

28 $\dfrac{15}{55}$ ➡ _____

8주

스스로 평가 😄 🙂 😞

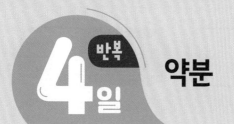

✏️ 분수를 약분하여 나타낸 것입니다. ☐ 안에 알맞은 수를 써넣으세요.

1 $\dfrac{6}{12} = \dfrac{\square}{6} = \dfrac{\square}{2}$

8 $\dfrac{4}{16} = \dfrac{2}{8} = \dfrac{\square}{4}$

2 $\dfrac{6}{24} = \dfrac{\square}{12} = \dfrac{\square}{4}$

9 $\dfrac{10}{25} = \dfrac{2}{\square}$

3 $\dfrac{21}{28} = \dfrac{3}{\square}$

10 $\dfrac{12}{30} = \dfrac{6}{\square} = \dfrac{2}{\square}$

4 $\dfrac{12}{32} = \dfrac{\square}{16} = \dfrac{\square}{8}$

11 $\dfrac{14}{35} = \dfrac{2}{\square}$

5 $\dfrac{9}{36} = \dfrac{\square}{12} = \dfrac{\square}{4}$

12 $\dfrac{6}{40} = \dfrac{\square}{20}$

6 $\dfrac{22}{44} = \dfrac{\square}{22} = \dfrac{\square}{2}$

13 $\dfrac{20}{50} = \dfrac{10}{\square} = \dfrac{2}{\square}$

7 $\dfrac{15}{51} = \dfrac{\square}{17}$

14 $\dfrac{6}{63} = \dfrac{\square}{21}$

기약분수로 나타내어 보세요.

15 $\dfrac{6}{8}$ ➡ _____

16 $\dfrac{2}{10}$ ➡ _____

17 $\dfrac{4}{14}$ ➡ _____

18 $\dfrac{9}{18}$ ➡ _____

19 $\dfrac{4}{22}$ ➡ _____

20 $\dfrac{10}{25}$ ➡ _____

21 $\dfrac{21}{30}$ ➡ _____

22 $\dfrac{4}{32}$ ➡ _____

23 $\dfrac{5}{35}$ ➡ _____

24 $\dfrac{8}{42}$ ➡ _____

25 $\dfrac{14}{49}$ ➡ _____

26 $\dfrac{28}{54}$ ➡ _____

27 $\dfrac{9}{63}$ ➡ _____

28 $\dfrac{20}{78}$ ➡ _____

✏️ 빈 곳에 약분한 분수를 모두 써넣으세요.

1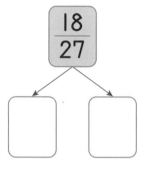

5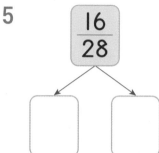

2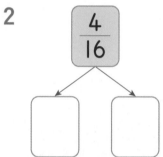

6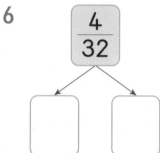

3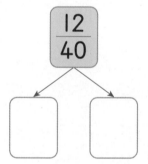

7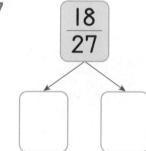

4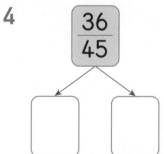

8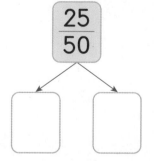

✏️ 기약분수로 나타내어 빈 곳에 써넣으세요.

9 $\dfrac{3}{12}$ ☐

10 $\dfrac{4}{10}$ ☐

11 $\dfrac{3}{18}$ ☐

12 $\dfrac{22}{44}$ ☐

13 $\dfrac{14}{21}$ ☐

14 $\dfrac{4}{22}$ ☐

15 $\dfrac{12}{56}$ ☐

16 $\dfrac{6}{24}$ ☐

17 $\dfrac{21}{48}$ ☐

18 $\dfrac{8}{52}$ ☐

19 $\dfrac{20}{55}$ ☐

20 $\dfrac{12}{58}$ ☐

8주

스스로 평가 😄 🙂 🙁

✏️ 2장의 수 카드 중에서 큰 수를 분모, 작은 수를 분자로 하여 분수를 만들었을 때 크기가 같은 것끼리 찾아 선으로 이어 보세요.

풍선 아래에 쓰여 있는 분수를 약분한 것을 모두 찾아 ○표 하세요.

통분

✅ 정우는 피자를 똑같이 4조각으로 나누어 한 조각을 먹었고, 민지는 같은 크기의 피자를 똑같이 6조각으로 나누어 두 조각을 먹었습니다. 피자를 12조각으로 나누었다면 정우와 민지는 각각 몇 조각씩 먹은 셈인가요?

$\frac{1}{4}$, $\frac{2}{6}$와 각각 크기가 같은 분수를 분모가 작은 것부터 차례로 5개씩 써 봅니다.

$$\frac{1}{4} \rightarrow \frac{2}{8}, \frac{3}{12}, \frac{4}{16}, \frac{5}{20}, \frac{6}{24}$$

$$\frac{2}{6} \rightarrow \frac{4}{12}, \frac{6}{18}, \frac{8}{24}, \frac{10}{30}, \frac{12}{36}$$

분모가 같은 분수끼리 짝 지어 봅니다.

$$\left(\frac{1}{4}, \frac{2}{6}\right) \rightarrow \left(\frac{3}{12}, \frac{4}{12}\right), \left(\frac{6}{24}, \frac{8}{24}\right)$$

$\left(\frac{1}{4}, \frac{2}{6}\right)$를 분모가 12인 분수로 통분하면 $\left(\frac{3}{12}, \frac{4}{12}\right)$이므로 정우는 3조각, 민지는 4조각을 먹은 셈이에요.

✔️ 통분

분수의 분모를 같게 하는 것을 통분한다고 하고, 통분한 분모를 공통분모라고 합니다.

· $\dfrac{1}{6}$과 $\dfrac{3}{4}$ 통분하기

방법 1 두 분모의 곱을 공통분모로 하여 통분하기

$$\left(\dfrac{1}{6},\ \dfrac{3}{4}\right) \Rightarrow \left(\dfrac{1\times4}{6\times4},\ \dfrac{3\times6}{4\times6}\right) \Rightarrow \left(\dfrac{4}{24},\ \dfrac{18}{24}\right)$$

$\dfrac{3}{4}$의 분모인 4를 곱해요.　　　　　$\dfrac{1}{6}$의 분모인 6을 곱해요.

> 분모끼리 서로 곱하고 두 분자에 각각 다른 분모를 곱해요.

방법 2 두 분모의 최소공배수를 공통분모로 하여 통분하기

① 6과 4의 최소공배수 구하기

$$2\ )\underline{\ 6\quad 4\ } \Rightarrow \text{최소공배수: } 2\times3\times2=12$$
$$\ \ \ \ 3\quad 2$$

참고 두 분수를 통분할 때 공통분모가 될 수 있는 수는 분모의 공배수입니다.

② 최소공배수 12로 통분하기

$$\left(\dfrac{1}{6},\ \dfrac{3}{4}\right) \Rightarrow \left(\dfrac{1\times2}{6\times2},\ \dfrac{3\times3}{4\times3}\right) \Rightarrow \left(\dfrac{2}{12},\ \dfrac{9}{12}\right)$$

> 통분한 분모가 두 분모의 최소공배수가 되도록
> 각각의 분모에 어떤 수를 곱하고, 분자에도 같은 수를 곱해요.

📖 개념 쏙쏙 노트

· 분모가 작을 때에는 두 분모의 곱으로 통분하는 것이 편리합니다.
· 분모가 클 때에는 두 분모의 최소공배수로 통분하는 것이 편리합니다.

✏️ 분모의 곱을 공통분모로 하여 통분해 보세요.

1 $\left(\dfrac{1}{2},\ \dfrac{2}{3}\right)$ ➡ (,   )

8 $\left(3\dfrac{2}{11},\ \dfrac{1}{3}\right)$ ➡ (,   )

2 $\left(\dfrac{2}{3},\ 1\dfrac{3}{4}\right)$ ➡ (,   )

9 $\left(\dfrac{5}{6},\ \dfrac{1}{7}\right)$ ➡ (,   )

3 $\left(\dfrac{1}{4},\ \dfrac{5}{12}\right)$ ➡ (,   )

10 $\left(2\dfrac{1}{2},\ \dfrac{6}{5}\right)$ ➡ (,   )

4 $\left(2\dfrac{1}{8},\ 1\dfrac{2}{5}\right)$ ➡ (,   )

11 $\left(3\dfrac{2}{3},\ \dfrac{7}{2}\right)$ ➡ (,   )

5 $\left(\dfrac{1}{6},\ \dfrac{2}{5}\right)$ ➡ (,   )

12 $\left(\dfrac{5}{8},\ \dfrac{2}{7}\right)$ ➡ (,   )

6 $\left(2\dfrac{1}{9},\ \dfrac{2}{3}\right)$ ➡ (,   )

13 $\left(1\dfrac{1}{12},\ 2\dfrac{2}{3}\right)$ ➡ (,   )

7 $\left(5\dfrac{1}{10},\ 2\dfrac{1}{2}\right)$ ➡ (,   )

14 $\left(\dfrac{5}{8},\ 1\dfrac{4}{10}\right)$ ➡ (,   )

✎ 분모의 최소공배수를 공통분모로 하여 통분해 보세요.

15 $\left(\dfrac{1}{2},\ \dfrac{3}{5}\right)$ ➡ (　,　)

22 $\left(5\dfrac{1}{15},\ 5\dfrac{2}{5}\right)$ ➡ (　,　)

16 $\left(2\dfrac{3}{7},\ 2\dfrac{1}{3}\right)$ ➡ (　,　)

23 $\left(\dfrac{1}{2},\ 1\dfrac{3}{10}\right)$ ➡ (　,　)

17 $\left(\dfrac{2}{3},\ 1\dfrac{5}{6}\right)$ ➡ (　,　)

24 $\left(2\dfrac{4}{9},\ 2\dfrac{2}{24}\right)$ ➡ (　,　)

18 $\left(3\dfrac{3}{8},\ 4\dfrac{1}{4}\right)$ ➡ (　,　)

25 $\left(\dfrac{3}{11},\ \dfrac{2}{3}\right)$ ➡ (　,　)

19 $\left(\dfrac{1}{6},\ 1\dfrac{5}{12}\right)$ ➡ (　,　)

26 $\left(1\dfrac{2}{9},\ \dfrac{11}{45}\right)$ ➡ (　,　)

20 $\left(\dfrac{5}{6},\ \dfrac{3}{8}\right)$ ➡ (　,　)

27 $\left(3\dfrac{1}{10},\ 2\dfrac{5}{12}\right)$ ➡ (　,　)

21 $\left(\dfrac{5}{6},\ \dfrac{1}{9}\right)$ ➡ (　,　)

28 $\left(\dfrac{5}{36},\ \dfrac{5}{24}\right)$ ➡ (　,　)

스스로
평가　😄　🙂　😟

도전! 12분!

✏️ 분모의 곱을 공통분모로 하여 통분해 보세요.

1 $\left(\dfrac{1}{3}, \dfrac{1}{4}\right)$ ➡ (,   )

8 $\left(5\dfrac{1}{10}, 1\dfrac{2}{5}\right)$ ➡ (,   )

2 $\left(2\dfrac{5}{8}, 1\dfrac{2}{5}\right)$ ➡ (,   )

9 $\left(\dfrac{5}{9}, 4\dfrac{1}{6}\right)$ ➡ (,   )

3 $\left(3\dfrac{2}{9}, \dfrac{1}{3}\right)$ ➡ (,   )

10 $\left(\dfrac{5}{7}, \dfrac{1}{8}\right)$ ➡ (,   )

4 $\left(1\dfrac{5}{12}, \dfrac{1}{2}\right)$ ➡ (,   )

11 $\left(1\dfrac{3}{11}, \dfrac{3}{4}\right)$ ➡ (,   )

5 $\left(\dfrac{3}{4}, \dfrac{5}{6}\right)$ ➡ (,   )

12 $\left(2\dfrac{1}{12}, 2\dfrac{5}{8}\right)$ ➡ (,   )

6 $\left(\dfrac{3}{2}, 2\dfrac{2}{7}\right)$ ➡ (,   )

13 $\left(\dfrac{3}{8}, \dfrac{1}{6}\right)$ ➡ (,   )

7 $\left(\dfrac{2}{5}, \dfrac{1}{4}\right)$ ➡ (,   )

14 $\left(5\dfrac{5}{12}, 3\dfrac{2}{7}\right)$ ➡ (,   )

✏️ 분모의 최소공배수를 공통분모로 하여 통분해 보세요.

15 $\left(\dfrac{1}{3},\ \dfrac{3}{4}\right)$ ➡ (,   )

22 $\left(\dfrac{1}{6},\ \dfrac{3}{8}\right)$ ➡ (,   )

16 $\left(\dfrac{3}{10},\ \dfrac{7}{12}\right)$ ➡ (,   )

23 $\left(5\dfrac{3}{16},\ \dfrac{1}{2}\right)$ ➡ (,   )

17 $\left(2\dfrac{5}{8},\ 3\dfrac{3}{10}\right)$ ➡ (,   )

24 $\left(\dfrac{5}{8},\ \dfrac{3}{4}\right)$ ➡ (,   )

18 $\left(\dfrac{1}{7},\ 4\dfrac{1}{14}\right)$ ➡ (,   )

25 $\left(3\dfrac{2}{21},\ 1\dfrac{3}{4}\right)$ ➡ (,   )

19 $\left(\dfrac{3}{5},\ 1\dfrac{5}{6}\right)$ ➡ (,   )

26 $\left(2\dfrac{1}{36},\ \dfrac{5}{24}\right)$ ➡ (,   )

20 $\left(3\dfrac{1}{12},\ 3\dfrac{5}{6}\right)$ ➡ (,   )

27 $\left(\dfrac{5}{12},\ \dfrac{1}{16}\right)$ ➡ (,   )

21 $\left(\dfrac{2}{5},\ \dfrac{3}{7}\right)$ ➡ (,   )

28 $\left(2\dfrac{1}{10},\ 2\dfrac{3}{4}\right)$ ➡ (,   )

9주

스스로 평가 😄 🙂 😟

121

도전! 12분!

✏️ 분모의 곱을 공통분모로 하여 통분해 보세요.

1 $\left(\dfrac{1}{3},\ \dfrac{2}{5}\right)$ ➡ (,   )

8 $\left(3\dfrac{2}{9},\ 4\dfrac{3}{4}\right)$ ➡ (,   )

2 $\left(2\dfrac{5}{8},\ 2\dfrac{2}{9}\right)$ ➡ (,   )

9 $\left(4\dfrac{3}{5},\ 2\dfrac{4}{15}\right)$ ➡ (,   )

3 $\left(\dfrac{1}{4},\ \dfrac{3}{8}\right)$ ➡ (,   )

10 $\left(1\dfrac{1}{3},\ \dfrac{2}{5}\right)$ ➡ (,   )

4 $\left(1\dfrac{5}{6},\ \dfrac{3}{4}\right)$ ➡ (,   )

11 $\left(\dfrac{4}{13},\ 4\dfrac{1}{2}\right)$ ➡ (,   )

5 $\left(\dfrac{7}{10},\ 3\dfrac{1}{2}\right)$ ➡ (,   )

12 $\left(2\dfrac{1}{6},\ 2\dfrac{3}{8}\right)$ ➡ (,   )

6 $\left(\dfrac{3}{7},\ \dfrac{1}{8}\right)$ ➡ (,   )

13 $\left(\dfrac{7}{24},\ \dfrac{2}{3}\right)$ ➡ (,   )

7 $\left(\dfrac{2}{3},\ \dfrac{2}{7}\right)$ ➡ (,   )

14 $\left(3\dfrac{2}{15},\ 1\dfrac{1}{3}\right)$ ➡ (,   )

✏️ 분모의 최소공배수를 공통분모로 하여 통분해 보세요.

15 $\left(\dfrac{2}{3}, \dfrac{2}{7}\right)$ ➡ (,   )

22 $\left(\dfrac{5}{12}, \dfrac{7}{15}\right)$ ➡ (,   )

16 $\left(\dfrac{1}{6}, \dfrac{4}{5}\right)$ ➡ (,   )

23 $\left(5\dfrac{1}{12}, 1\dfrac{3}{14}\right)$ ➡ (,   )

17 $\left(\dfrac{3}{4}, \dfrac{3}{10}\right)$ ➡ (,   )

24 $\left(3\dfrac{2}{15}, 3\dfrac{3}{20}\right)$ ➡ (,   )

18 $\left(1\dfrac{1}{3}, \dfrac{5}{12}\right)$ ➡ (,   )

25 $\left(\dfrac{9}{16}, \dfrac{5}{12}\right)$ ➡ (,   )

19 $\left(\dfrac{2}{15}, \dfrac{4}{25}\right)$ ➡ (,   )

26 $\left(\dfrac{7}{40}, 1\dfrac{9}{16}\right)$ ➡ (,   )

20 $\left(3\dfrac{2}{9}, \dfrac{3}{10}\right)$ ➡ (,   )

27 $\left(\dfrac{2}{3}, \dfrac{2}{45}\right)$ ➡ (,   )

21 $\left(1\dfrac{1}{8}, 2\dfrac{3}{10}\right)$ ➡ (,   )

28 $\left(1\dfrac{3}{32}, \dfrac{5}{12}\right)$ ➡ (,   )

스스로 평가 😄 🙂 😞

✏️ 분모의 곱을 공통분모로 하여 통분해 보세요.

1 $\left(\dfrac{2}{7}, \dfrac{2}{3}\right)$ ➡ (,   )

8 $\left(4\dfrac{7}{10}, 4\dfrac{4}{5}\right)$ ➡ (,   )

2 $\left(1\dfrac{3}{4}, \dfrac{1}{8}\right)$ ➡ (,   )

9 $\left(\dfrac{5}{12}, 2\dfrac{5}{7}\right)$ ➡ (,   )

3 $\left(\dfrac{2}{7}, 1\dfrac{2}{5}\right)$ ➡ (,   )

10 $\left(\dfrac{5}{16}, \dfrac{3}{10}\right)$ ➡ (,   )

4 $\left(\dfrac{7}{8}, \dfrac{3}{10}\right)$ ➡ (,   )

11 $\left(1\dfrac{1}{4}, \dfrac{5}{6}\right)$ ➡ (,   )

5 $\left(2\dfrac{3}{10}, 2\dfrac{3}{4}\right)$ ➡ (,   )

12 $\left(\dfrac{11}{13}, \dfrac{2}{3}\right)$ ➡ (,   )

6 $\left(\dfrac{1}{8}, \dfrac{2}{9}\right)$ ➡ (,   )

13 $\left(4\dfrac{3}{22}, 2\dfrac{1}{4}\right)$ ➡ (,   )

7 $\left(2\dfrac{1}{12}, 1\dfrac{3}{5}\right)$ ➡ (,   )

14 $\left(\dfrac{3}{14}, \dfrac{5}{9}\right)$ ➡ (,   )

✎ 분모의 최소공배수를 공통분모로 하여 통분해 보세요.

15 $\left(\dfrac{1}{4},\ \dfrac{5}{6}\right)$ ➡ (,)

22 $\left(2\dfrac{5}{28},\ \dfrac{5}{21}\right)$ ➡ (,)

16 $\left(4\dfrac{7}{10},\ \dfrac{4}{5}\right)$ ➡ (,)

23 $\left(\dfrac{4}{5},\ \dfrac{2}{9}\right)$ ➡ (,)

17 $\left(\dfrac{7}{8},\ \dfrac{4}{10}\right)$ ➡ (,)

24 $\left(3\dfrac{7}{22},\ 2\dfrac{1}{4}\right)$ ➡ (,)

18 $\left(\dfrac{2}{3},\ \dfrac{5}{12}\right)$ ➡ (,)

25 $\left(\dfrac{3}{34},\ 4\dfrac{1}{17}\right)$ ➡ (,)

19 $\left(5\dfrac{2}{15},\ 2\dfrac{1}{10}\right)$ ➡ (,)

26 $\left(\dfrac{5}{36},\ \dfrac{2}{45}\right)$ ➡ (,)

20 $\left(\dfrac{1}{30},\ \dfrac{5}{36}\right)$ ➡ (,)

27 $\left(2\dfrac{1}{8},\ 2\dfrac{1}{5}\right)$ ➡ (,)

21 $\left(3\dfrac{5}{16},\ 3\dfrac{3}{10}\right)$ ➡ (,)

28 $\left(\dfrac{3}{28},\ \dfrac{2}{35}\right)$ ➡ (,)

스스로 평가 😄 ☺ ☹

✏️ 분모의 곱을 공통분모로 하여 통분해 보세요.

1 $\left(\dfrac{3}{4}, \dfrac{1}{5}\right)$ ➡ (,   )

8 $\left(5\dfrac{4}{9}, 4\dfrac{2}{5}\right)$ ➡ (,   )

2 $\left(\dfrac{2}{5}, \dfrac{3}{8}\right)$ ➡ (,   )

9 $\left(3\dfrac{7}{22}, \dfrac{5}{6}\right)$ ➡ (,   )

3 $\left(3\dfrac{5}{12}, 1\dfrac{2}{3}\right)$ ➡ (,   )

10 $\left(\dfrac{1}{10}, \dfrac{3}{8}\right)$ ➡ (,   )

4 $\left(\dfrac{2}{7}, \dfrac{5}{13}\right)$ ➡ (,   )

11 $\left(2\dfrac{1}{4}, \dfrac{4}{15}\right)$ ➡ (,   )

5 $\left(2\dfrac{4}{11}, \dfrac{3}{5}\right)$ ➡ (,   )

12 $\left(3\dfrac{3}{14}, \dfrac{2}{3}\right)$ ➡ (,   )

6 $\left(\dfrac{5}{18}, \dfrac{5}{12}\right)$ ➡ (,   )

13 $\left(\dfrac{3}{10}, \dfrac{7}{15}\right)$ ➡ (,   )

7 $\left(\dfrac{1}{8}, \dfrac{4}{15}\right)$ ➡ (,   )

14 $\left(\dfrac{1}{3}, \dfrac{11}{21}\right)$ ➡ (,   )

✎ 분모의 최소공배수를 공통분모로 하여 통분해 보세요.

15 $\left(\dfrac{1}{3}, \dfrac{5}{6}\right)$ ➡ (　 , 　)

22 $\left(\dfrac{1}{18}, 2\dfrac{4}{15}\right)$ ➡ (　 , 　)

16 $\left(\dfrac{4}{13}, 1\dfrac{3}{26}\right)$ ➡ (　 , 　)

23 $\left(\dfrac{5}{18}, \dfrac{2}{45}\right)$ ➡ (　 , 　)

17 $\left(\dfrac{5}{6}, \dfrac{3}{10}\right)$ ➡ (　 , 　)

24 $\left(3\dfrac{1}{45}, \dfrac{1}{30}\right)$ ➡ (　 , 　)

18 $\left(3\dfrac{5}{14}, \dfrac{5}{21}\right)$ ➡ (　 , 　)

25 $\left(\dfrac{2}{11}, \dfrac{5}{7}\right)$ ➡ (　 , 　)

19 $\left(\dfrac{3}{8}, \dfrac{5}{14}\right)$ ➡ (　 , 　)

26 $\left(\dfrac{5}{12}, 2\dfrac{3}{14}\right)$ ➡ (　 , 　)

20 $\left(\dfrac{1}{20}, \dfrac{1}{24}\right)$ ➡ (　 , 　)

27 $\left(\dfrac{2}{13}, \dfrac{5}{52}\right)$ ➡ (　 , 　)

21 $\left(\dfrac{5}{9}, \dfrac{5}{6}\right)$ ➡ (　 , 　)

28 $\left(\dfrac{3}{56}, \dfrac{2}{21}\right)$ ➡ (　 , 　)

스스로 평가 😄 ☺ ☹

✏️ 위의 두 분수를 길 위의 수를 공통분모로 하여 통분한 것을 빈 수풀에 써넣으세요.

✎ 두 분수를 최소공배수를 공통분모로 하여 통분한 것을 선을 따라가 도착한 곳에 써넣으세요.

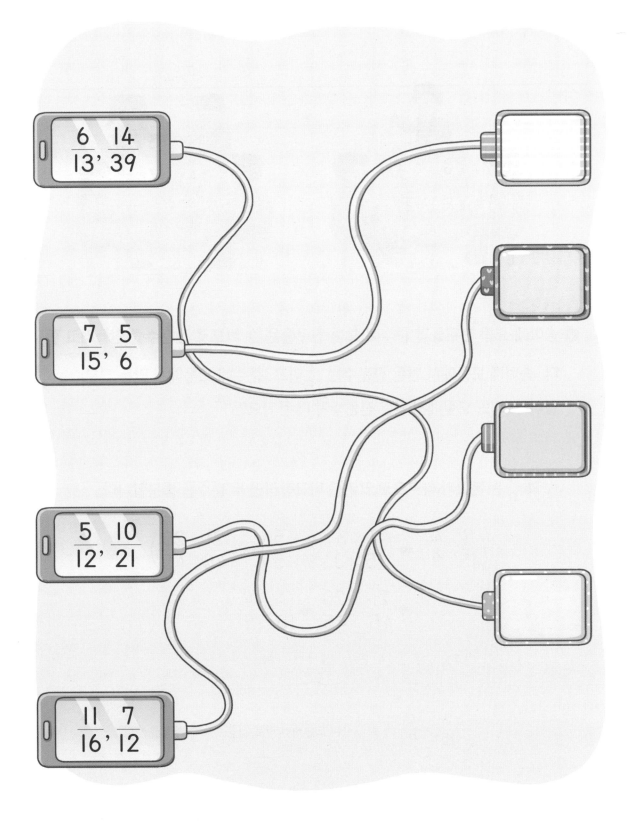

✔ 승아네 모둠 친구들과 준수네 모둠 친구들은 수 카드로 진분수를 만들려고 합니다. 승아네 모둠에서 만든 진분수는 $\frac{7}{15}$이고, 준수네 모둠에서 만든 진분수는 $\frac{4}{9}$입니다. 어느 모둠에서 만든 진분수가 더 큰가요?

$\frac{7}{15}$과 $\frac{4}{9}$는 분모가 다르므로 크기를 비교하려면 두 분수를 통분합니다.

$$\left(\frac{7}{15}, \frac{4}{9}\right) \rightarrow \left(\frac{7 \times 3}{15 \times 3}, \frac{4 \times 5}{9 \times 5}\right) \rightarrow \left(\frac{21}{45}, \frac{20}{45}\right)$$

$$\rightarrow \frac{21}{45} > \frac{20}{45} \rightarrow \frac{7}{15} > \frac{4}{9}$$

분모가 같은 분수는 분자가 큰 수가 더 커요.

$\frac{7}{15} > \frac{4}{9}$이므로 승아네 모둠에서 만든 진분수가 더 커요.

✅ 두 분수의 크기 비교

분모가 다른 두 분수를 통분하여 분모를 같게 한 다음 분자의 크기를 비교합니다.

$$\left(\frac{1}{3}, \frac{3}{8}\right) \Rightarrow \left(\frac{1\times8}{3\times8}, \frac{3\times3}{8\times3}\right) \Rightarrow \left(\frac{8}{24}, \frac{9}{24}\right)$$

$$\Rightarrow \frac{8}{24} < \frac{9}{24} \Rightarrow \frac{1}{3} < \frac{3}{8}$$

통분할 때에는 두 분모의 곱이나 두 분모의 최소공배수를 공통분모로 해요.

✅ 세 분수의 크기 비교

분모가 다른 세 분수는 두 분수씩 차례로 통분하여 크기를 비교합니다.

$$\left(\frac{1}{2}, \frac{3}{4}, \frac{2}{5}\right) \Rightarrow \begin{bmatrix} \left(\frac{1}{2}, \frac{3}{4}\right) \Rightarrow \left(\frac{2}{4}, \frac{3}{4}\right) \Rightarrow \frac{1}{2} < \frac{3}{4} \\ \left(\frac{3}{4}, \frac{2}{5}\right) \Rightarrow \left(\frac{15}{20}, \frac{8}{20}\right) \Rightarrow \frac{3}{4} > \frac{2}{5} \\ \left(\frac{1}{2}, \frac{2}{5}\right) \Rightarrow \left(\frac{5}{10}, \frac{4}{10}\right) \Rightarrow \frac{1}{2} > \frac{2}{5} \end{bmatrix}$$

$\frac{3}{4}$이 가장 커요.

$\frac{2}{5}$가 가장 작아요.

$$\Rightarrow \frac{2}{5} < \frac{1}{2} < \frac{3}{4}$$

참고 세 분수를 한꺼번에 통분하여 크기 비교하기

① $\left(\frac{1}{2}, \frac{3}{4}, \frac{2}{5}\right)$의 분모를 20으로 하여 통분합니다.

$\Rightarrow \left(\frac{10}{20}, \frac{15}{20}, \frac{8}{20}\right)$

② 분자의 크기를 비교합니다.

$\Rightarrow 8 < 10 < 15$

③ 세 분수의 크기를 비교하면 $\frac{2}{5} < \frac{1}{2} < \frac{3}{4}$입니다.

✏️ 보기 와 같이 분모의 곱을 공통분모로 하여 통분한 다음 크기를 비교해 보세요.

보기

$$\left(\frac{1}{3}, \frac{2}{7} \right) \rightarrow \left(\frac{7}{21}, \frac{6}{21} \right) \rightarrow \frac{1}{3} > \frac{2}{7}$$

1 $\left(\frac{3}{4}, \frac{2}{5} \right) \rightarrow (\quad , \quad) \rightarrow \frac{3}{4} \bigcirc \frac{2}{5}$

2 $\left(\frac{1}{6}, \frac{1}{7} \right) \rightarrow (\quad , \quad) \rightarrow \frac{1}{6} \bigcirc \frac{1}{7}$

3 $\left(1\frac{3}{4}, 1\frac{5}{8} \right) \rightarrow (\quad , \quad) \rightarrow 1\frac{3}{4} \bigcirc 1\frac{5}{8}$

4 $\left(\frac{2}{9}, \frac{1}{3} \right) \rightarrow (\quad , \quad) \rightarrow \frac{2}{9} \bigcirc \frac{1}{3}$

5 $\left(2\frac{4}{6}, 2\frac{2}{3} \right) \rightarrow (\quad , \quad) \rightarrow 2\frac{4}{6} \bigcirc 2\frac{2}{3}$

6 $\left(\frac{3}{5}, \frac{4}{7} \right) \rightarrow (\quad , \quad) \rightarrow \frac{3}{5} \bigcirc \frac{4}{7}$

✏️ 두 분수의 크기를 비교하여 ○ 안에 >, =, <를 알맞게 써넣으세요.

7　$1\frac{1}{4}$ ○ $1\frac{2}{5}$

8　$\frac{2}{7}$ ○ $\frac{2}{5}$

9　$\frac{2}{12}$ ○ $\frac{1}{6}$

10　$3\frac{1}{3}$ ○ $3\frac{3}{7}$

11　$2\frac{2}{9}$ ○ $2\frac{1}{4}$

12　$\frac{5}{6}$ ○ $\frac{6}{7}$

13　$\frac{3}{15}$ ○ $\frac{1}{5}$

14　$\frac{3}{5}$ ○ $\frac{2}{3}$

15　$1\frac{2}{7}$ ○ $1\frac{4}{9}$

16　$\frac{4}{18}$ ○ $\frac{2}{9}$

17　$7\frac{5}{12}$ ○ $7\frac{1}{4}$

18　$\frac{5}{6}$ ○ $\frac{5}{8}$

19　$\frac{5}{14}$ ○ $\frac{1}{3}$

20　$3\frac{3}{10}$ ○ $3\frac{2}{3}$

21　$1\frac{10}{12}$ ○ $1\frac{5}{6}$

22　$\frac{6}{13}$ ○ $\frac{1}{4}$

23　$\frac{6}{11}$ ○ $\frac{2}{5}$

24　$\frac{3}{8}$ ○ $\frac{4}{9}$

25　$2\frac{7}{10}$ ○ $2\frac{4}{5}$

26　$3\frac{3}{16}$ ○ $3\frac{1}{3}$

27　$\frac{9}{14}$ ○ $\frac{5}{8}$

스스로 평가

✏️ 보기 와 같이 분모의 최소공배수를 공통분모로 하여 통분한 다음 크기를 비교해 보세요.

보기

$$\left(1\frac{13}{20},\ 1\frac{5}{8}\right) \Rightarrow \left(1\frac{26}{40},\ 1\frac{25}{40}\right) \Rightarrow 1\frac{13}{20} > 1\frac{5}{8}$$

1 $\left(\dfrac{2}{7},\ \dfrac{3}{8}\right) \Rightarrow (\quad,\quad) \Rightarrow \dfrac{2}{7} \bigcirc \dfrac{3}{8}$

2 $\left(1\dfrac{7}{15},\ 1\dfrac{5}{12}\right) \Rightarrow (\quad,\quad) \Rightarrow 1\dfrac{7}{15} \bigcirc 1\dfrac{5}{12}$

3 $\left(\dfrac{14}{25},\ \dfrac{7}{10}\right) \Rightarrow (\quad,\quad) \Rightarrow \dfrac{14}{25} \bigcirc \dfrac{7}{10}$

4 $\left(\dfrac{5}{12},\ \dfrac{3}{16}\right) \Rightarrow (\quad,\quad) \Rightarrow \dfrac{5}{12} \bigcirc \dfrac{3}{16}$

5 $\left(2\dfrac{5}{8},\ 2\dfrac{5}{6}\right) \Rightarrow (\quad,\quad) \Rightarrow 2\dfrac{5}{8} \bigcirc 2\dfrac{5}{6}$

6 $\left(4\dfrac{5}{21},\ 4\dfrac{3}{14}\right) \Rightarrow (\quad,\quad) \Rightarrow 4\dfrac{5}{21} \bigcirc 4\dfrac{3}{14}$

✎ 두 분수의 크기를 비교하여 ○ 안에 >, =, <를 알맞게 써넣으세요.

10
주

7 $\dfrac{2}{3}$ ○ $\dfrac{3}{4}$

8 $\dfrac{6}{13}$ ○ $\dfrac{2}{5}$

9 $\dfrac{1}{2}$ ○ $\dfrac{3}{8}$

10 $\dfrac{5}{6}$ ○ $\dfrac{9}{10}$

11 $2\dfrac{9}{26}$ ○ $2\dfrac{4}{13}$

12 $3\dfrac{8}{15}$ ○ $3\dfrac{14}{25}$

13 $\dfrac{23}{25}$ ○ $\dfrac{11}{20}$

14 $1\dfrac{6}{16}$ ○ $1\dfrac{3}{8}$

15 $\dfrac{9}{16}$ ○ $\dfrac{19}{40}$

16 $\dfrac{7}{12}$ ○ $\dfrac{7}{18}$

17 $\dfrac{13}{45}$ ○ $\dfrac{4}{15}$

18 $2\dfrac{9}{22}$ ○ $2\dfrac{5}{16}$

19 $\dfrac{9}{14}$ ○ $\dfrac{17}{24}$

20 $1\dfrac{13}{21}$ ○ $1\dfrac{15}{28}$

21 $\dfrac{7}{12}$ ○ $\dfrac{3}{8}$

22 $\dfrac{9}{40}$ ○ $\dfrac{6}{25}$

23 $3\dfrac{3}{7}$ ○ $3\dfrac{5}{21}$

24 $4\dfrac{1}{2}$ ○ $4\dfrac{3}{10}$

25 $\dfrac{4}{21}$ ○ $\dfrac{7}{28}$

26 $\dfrac{8}{9}$ ○ $\dfrac{23}{30}$

27 $2\dfrac{3}{24}$ ○ $2\dfrac{7}{36}$

스스로 평가 😄 ☺ ☹

분수의 크기 비교

✏️ 두 분수의 크기를 비교하여 ○ 안에 >, =, <를 알맞게 써넣으세요.

1 $\dfrac{1}{7}$ ○ $\dfrac{1}{5}$

8 $\dfrac{4}{15}$ ○ $\dfrac{5}{18}$

15 $\dfrac{9}{22}$ ○ $\dfrac{14}{33}$

2 $\dfrac{6}{13}$ ○ $\dfrac{3}{8}$

9 $\dfrac{7}{10}$ ○ $\dfrac{8}{15}$

16 $1\dfrac{2}{15}$ ○ $1\dfrac{3}{13}$

3 $3\dfrac{4}{5}$ ○ $3\dfrac{5}{6}$

10 $\dfrac{7}{9}$ ○ $\dfrac{9}{11}$

17 $2\dfrac{13}{28}$ ○ $2\dfrac{5}{14}$

4 $\dfrac{1}{4}$ ○ $\dfrac{3}{10}$

11 $5\dfrac{4}{24}$ ○ $5\dfrac{2}{12}$

18 $4\dfrac{27}{35}$ ○ $4\dfrac{23}{30}$

5 $\dfrac{7}{8}$ ○ $\dfrac{3}{4}$

12 $1\dfrac{11}{18}$ ○ $1\dfrac{9}{14}$

19 $\dfrac{5}{18}$ ○ $\dfrac{4}{21}$

6 $\dfrac{9}{11}$ ○ $\dfrac{7}{12}$

13 $\dfrac{5}{12}$ ○ $\dfrac{7}{24}$

20 $\dfrac{17}{40}$ ○ $\dfrac{11}{30}$

7 $2\dfrac{6}{7}$ ○ $2\dfrac{3}{4}$

14 $\dfrac{12}{35}$ ○ $\dfrac{9}{28}$

21 $\dfrac{12}{48}$ ○ $\dfrac{18}{72}$

✏️ 두 분수의 크기를 비교하여 ○ 안에 >, =, <를 알맞게 써넣으세요.

22 $\dfrac{3}{8}$ ○ $\dfrac{2}{7}$

29 $\dfrac{5}{8}$ ○ $\dfrac{2}{7}$

36 $\dfrac{2}{9}$ ○ $\dfrac{11}{45}$

23 $\dfrac{5}{12}$ ○ $\dfrac{7}{24}$

30 $2\dfrac{7}{12}$ ○ $2\dfrac{2}{3}$

37 $\dfrac{1}{10}$ ○ $\dfrac{2}{5}$

24 $\dfrac{8}{21}$ ○ $\dfrac{4}{9}$

31 $\dfrac{5}{8}$ ○ $\dfrac{10}{16}$

38 $2\dfrac{5}{12}$ ○ $2\dfrac{3}{8}$

25 $\dfrac{1}{4}$ ○ $\dfrac{5}{12}$

32 $4\dfrac{3}{10}$ ○ $4\dfrac{5}{12}$

39 $\dfrac{7}{12}$ ○ $\dfrac{4}{7}$

26 $2\dfrac{3}{8}$ ○ $2\dfrac{2}{5}$

33 $\dfrac{5}{36}$ ○ $\dfrac{5}{24}$

40 $\dfrac{5}{12}$ ○ $\dfrac{7}{10}$

27 $1\dfrac{1}{6}$ ○ $1\dfrac{2}{5}$

34 $\dfrac{4}{9}$ ○ $\dfrac{5}{24}$

41 $3\dfrac{13}{21}$ ○ $3\dfrac{3}{4}$

28 $\dfrac{5}{6}$ ○ $\dfrac{5}{7}$

35 $1\dfrac{7}{11}$ ○ $1\dfrac{2}{3}$

42 $2\dfrac{3}{10}$ ○ $2\dfrac{3}{4}$

10주

스스로 평가 😄 🙂 😞

✏️ 세 분수의 크기를 비교하여 큰 수부터 차례로 써 보세요.

1 $\left(\dfrac{1}{4}, \ \dfrac{5}{8}, \ \dfrac{7}{12} \right)$

➡ _____

2 $\left(1\dfrac{1}{2}, \ 1\dfrac{1}{4}, \ 1\dfrac{1}{3} \right)$

➡ _____

3 $\left(\dfrac{3}{4}, \ \dfrac{5}{6}, \ \dfrac{7}{8} \right)$

➡ _____

4 $\left(\dfrac{7}{12}, \ \dfrac{8}{15}, \ \dfrac{3}{10} \right)$

➡ _____

5 $\left(1\dfrac{3}{8}, \ 1\dfrac{5}{12}, \ 1\dfrac{1}{6} \right)$

➡ _____

6 $\left(2\dfrac{3}{5}, \ 2\dfrac{7}{10}, \ 2\dfrac{2}{3} \right)$

➡ _____

7 $\left(\dfrac{8}{9}, \ \dfrac{19}{27}, \ \dfrac{5}{6} \right)$

➡ _____

8 $\left(\dfrac{5}{6}, \ \dfrac{3}{5}, \ \dfrac{2}{3} \right)$

➡ _____

9 $\left(\dfrac{2}{3}, \ \dfrac{3}{4}, \ \dfrac{4}{5} \right)$

➡ _____

10 $\left(\dfrac{8}{15}, \ \dfrac{2}{3}, \ \dfrac{1}{6} \right)$

➡ _____

11 $\left(2\dfrac{3}{4}, \ 2\dfrac{5}{16}, \ 2\dfrac{3}{8} \right)$

➡ _____

12 $\left(\dfrac{1}{2}, \ \dfrac{1}{6}, \ \dfrac{5}{12} \right)$

➡ _____

✏️ 세 분수의 크기를 비교하여 작은 수부터 차례로 써 보세요.

13 $\left(\dfrac{3}{4}, \ \dfrac{7}{8}, \ \dfrac{7}{10} \right)$

➡

19 $\left(3\dfrac{8}{11}, \ 3\dfrac{3}{4}, \ 3\dfrac{5}{6} \right)$

➡

14 $\left(\dfrac{1}{3}, \ \dfrac{4}{21}, \ \dfrac{5}{14} \right)$

➡

20 $\left(\dfrac{9}{14}, \ \dfrac{5}{6}, \ \dfrac{13}{18} \right)$

➡

15 $\left(1\dfrac{4}{7}, \ 1\dfrac{9}{14}, \ 1\dfrac{2}{3} \right)$

➡

21 $\left(\dfrac{2}{5}, \ \dfrac{3}{7}, \ \dfrac{7}{15} \right)$

➡

16 $\left(\dfrac{17}{24}, \ \dfrac{19}{32}, \ \dfrac{13}{16} \right)$

➡

22 $\left(\dfrac{5}{12}, \ \dfrac{2}{9}, \ \dfrac{7}{36} \right)$

➡

17 $\left(\dfrac{5}{12}, \ \dfrac{4}{15}, \ \dfrac{1}{2} \right)$

➡

23 $\left(1\dfrac{11}{20}, \ 1\dfrac{9}{16}, \ 1\dfrac{7}{12} \right)$

➡

18 $\left(\dfrac{5}{8}, \ \dfrac{7}{12}, \ \dfrac{11}{20} \right)$

➡

24 $\left(2\dfrac{7}{24}, \ 2\dfrac{5}{48}, \ 2\dfrac{5}{32} \right)$

➡

스스로 평가　😄　🙂　🙁

✏️ 두 분수의 크기를 비교하여 더 큰 분수를 빈 곳에 써넣으세요.

1 $\dfrac{4}{5}$ $\dfrac{2}{3}$

2 $\dfrac{7}{12}$ $\dfrac{5}{9}$

3 $1\dfrac{5}{6}$ $1\dfrac{7}{8}$

4 $\dfrac{3}{8}$ $\dfrac{2}{5}$

5 $\dfrac{4}{15}$ $\dfrac{5}{18}$

6 $3\dfrac{3}{8}$ $3\dfrac{7}{16}$

7 $\dfrac{3}{14}$ $\dfrac{5}{21}$

8 $2\dfrac{8}{21}$ $2\dfrac{12}{35}$

✏️ 세 분수의 크기를 비교하여 가장 큰 분수를 찾아 ○표 하세요.

9 $\dfrac{5}{6}$ $\dfrac{3}{10}$ $\dfrac{3}{5}$

15 $1\dfrac{5}{16}$ $1\dfrac{1}{2}$ $1\dfrac{3}{8}$

10 $2\dfrac{1}{2}$ $2\dfrac{2}{7}$ $2\dfrac{1}{3}$

16 $3\dfrac{11}{12}$ $3\dfrac{19}{24}$ $3\dfrac{7}{8}$

11 $\dfrac{7}{15}$ $\dfrac{5}{9}$ $\dfrac{5}{6}$

17 $\dfrac{7}{18}$ $\dfrac{11}{27}$ $\dfrac{5}{9}$

12 $\dfrac{1}{4}$ $\dfrac{3}{10}$ $\dfrac{2}{5}$

18 $\dfrac{7}{12}$ $\dfrac{5}{6}$ $\dfrac{23}{36}$

13 $\dfrac{3}{5}$ $\dfrac{2}{3}$ $\dfrac{4}{7}$

19 $\dfrac{13}{15}$ $\dfrac{5}{6}$ $\dfrac{9}{10}$

14 $\dfrac{9}{14}$ $\dfrac{4}{7}$ $\dfrac{17}{21}$

20 $\dfrac{9}{30}$ $\dfrac{5}{12}$ $\dfrac{11}{40}$

10주

스스로 평가 😄 🙂 😞

두 분수 중에서 더 큰 쪽을 따라가 도착하는 곳에 ○표 하세요.

지호와 친구들이 천을 이어 붙여 똑같은 크기의 담요를 만들었습니다. 물방울무늬 천을 가장 많이 사용한 사람은 누구인가요?

난 물방울무늬 천을 전체의 $\frac{4}{9}$ 만큼 사용했어.

지호

내가 사용한 물방울무늬 천은 전체의 $\frac{4}{8}$ 야.

유진

나는 물방울무늬 천을 전체의 $\frac{7}{12}$ 만큼 사용했어.

경하

[ ] > [ ] > [ ] 이므로 물방울무늬 천을 가장 많이 사용한

사람은 (지호 , 유진 , 경하)입니다.

9권	자연수의 혼합 계산	일차	표준 시간	문제 개수
1주	덧셈과 뺄셈의 혼합 계산	1일차	10분	24개
		2일차	10분	24개
		3일차	10분	24개
		4일차	10분	24개
		5일차	15분	20개
2주	곱셈과 나눗셈의 혼합 계산	1일차	12분	24개
		2일차	12분	24개
		3일차	12분	24개
		4일차	12분	24개
		5일차	15분	20개
3주	덧셈, 뺄셈, 곱셈 / 덧셈, 뺄셈, 나눗셈의 혼합 계산	1일차	14분	24개
		2일차	14분	24개
		3일차	14분	24개
		4일차	14분	24개
		5일차	20분	20개
4주	덧셈, 뺄셈, 곱셈, 나눗셈의 혼합 계산	1일차	15분	20개
		2일차	15분	20개
		3일차	15분	20개
		4일차	15분	20개
		5일차	15분	20개
5주	공약수와 최대공약수	1일차	8분	12개
		2일차	10분	20개
		3일차	8분	11개
		4일차	8분	11개
		5일차	10분	20개
6주	공배수와 최소공배수	1일차	8분	12개
		2일차	10분	20개
		3일차	8분	11개
		4일차	8분	11개
		5일차	10분	20개
7주	최대공약수와 최소공배수	1일차	8분	10개
		2일차	8분	10개
		3일차	8분	10개
		4일차	8분	10개
		5일차	12분	18개
8주	약분	1일차	10분	28개
		2일차	10분	28개
		3일차	10분	28개
		4일차	10분	28개
		5일차	8분	20개
9주	통분	1일차	12분	28개
		2일차	12분	28개
		3일차	12분	28개
		4일차	12분	28개
		5일차	12분	28개
10주	분수의 크기 비교	1일차	12분	27개
		2일차	12분	27개
		3일차	20분	42개
		4일차	18분	24개
		5일차	14분	20개

1일 10분

자기 주도 학습력을 높이는
1일 10분 습관의 힘

초등 메가 계산력

9권

초등 5학년

자연수의 혼합 계산

정답

메가 계산력 이것이 다릅니다!

수학, 왜 어려워할까요?

쉽게 느끼는 영역	어렵게 느끼는 영역
작은 수	큰 수
덧셈	뺄셈
덧셈, 뺄셈	곱셈, 나눗셈
곱셈	나눗셈
세 수의 덧셈, 세 수의 뺄셈	세 수의 덧셈과 뺄셈 혼합 계산
사칙연산의 혼합 계산	괄호를 포함한 혼합 계산

분수와 소수

쉽게 느끼는 영역	어렵게 느끼는 영역
배수	약수
통분	약분
소수의 덧셈, 뺄셈	분수의 덧셈, 뺄셈
분수의 곱셈, 나눗셈	소수의 곱셈, 나눗셈
분수의 곱셈과 나눗셈의 혼합계산	소수의 곱셈과 나눗셈의 혼합계산
사칙연산의 혼합 계산	괄호를 포함한 혼합 계산

아이들은 수와 연산을 습득하면서 나름의 난이도 기준이 생깁니다. 이때 '수학은 어려운 과목 또는 지루한 과목'이라는 덫에 한번 걸리면 트라우마가 되어 그 덫에서 벗어나기가 굉장히 어려워집니다.

"수학의 기본인 계산력이 부족하기 때문입니다."

계산력, "플로 스몰 스텝"으로 키운다!

1일 10분 초등 메가 계산력은 반복 학습 시스템 **"플로 스몰 스텝(flow small step)"**으로 구성하였습니다. **"플로 스몰 스텝(flow small step)"**이란, 학습 내용을 잘게 쪼개어 자연스럽게 단계를 밟아가며 학습하도록 하는 프로그램입니다. 이 방식에 따라 학습하다 보면 난이도가 높아지더라도 크게 어려움을 느끼지 않으면서 수학의 개념과 원리를 자연스럽게 깨우치게 되고, 수학을 어렵거나 지루한 과목이라고 느끼지 않게 됩니다.

1. 매일 꾸준히 하는 것이 중요합니다.

자전거 타는 방법을 한번 익히면 잘 잊어버리지 않습니다. 이것을 우리는 '체화되었다'라고 합니다. 자전거를 잘 타게 될 때까지 매일 넘어지고, 다시 달리고를 반복하기 때문입니다. 계산력도 마찬가지입니다.

계산의 원리와 순서를 이해해도 꾸준히 학습하지 않으면 바로 잊어버리기 쉽습니다. 계산을 잘하는 아이들은 문제 풀이 속도도 빠르고, 실수도 적습니다. 그것은 단기간에 얻을 수 있는 결과가 아닙니다. 지금 현재 잘하는 것처럼 보인다고 시간이 흐른 후에도 잘하는 것이 아닙니다. 자전거 타기가 완전히 체화되어서 자연스럽게 달리고 멈추기를 실수 없이 하게 될 때까지 매일 연습하듯, 계산력도 매일 꾸준히 연습해서 단련해야 합니다.

2. 빠른 것보다 정확하게 푸는 것이 중요합니다!

초등 교과 과정의 수학 교과서 "수와 연산" 영역에서는 문제에 대한 다양한 풀이법을 요구하고 있습니다. 왜 그럴까요?

기계적인 단순 반복 계산 훈련을 막기 위해서라기보다 더욱 빠르고 정확하게 문제를 해결하는 계산력 향상을 위해서입니다. 빠르고 정확한 계산을 하는 셈 방법에는 머리셈과 필산이 있습니다. 이제까지의 계산력 훈련으로는 손으로 직접 쓰는 필산만이 중요시되었습니다. 하지만 새 교육과정에서는 필산과 함께 머리셈을 더욱 강조하고 있으며 아이들에게도 이는 재미있는 도전이 될 것입니다. 그렇다고 해서 머리셈을 위한 계산 개념을 따로 공부해야 하는 것이 아닙니다. 체계적인 흐름에 따라 문제를 풀면서 자연스럽게 습득할 수 있어야 합니다.

초등 교과 과정에 맞춰 체계화된 1일 10분 초등 메가 계산력의 **"플로 스몰 스텝(flow small step)"** 프로그램으로 계산력을 키워 주세요.

계산력 향상은 중·고등 수학까지 연결되는 사고력 확장의 단단한 바탕입니다.

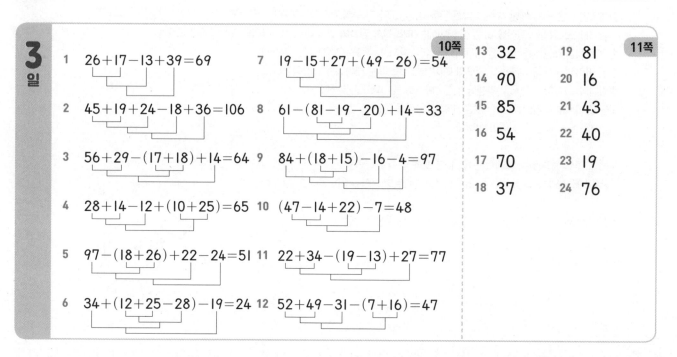

1일

6쪽

1 $24+5-8=21$

2 $27-15+21=33$

3 $32+15-18=29$

4 $43+14+26-13=70$

5 $16+(52-22)-35=11$

6 $16+(51-14)=53$

7 $15+24-(4+5)=30$

8 $37-(26-11)=22$

9 $47+16-24+17=56$

10 $46-(18+14)=14$

11 $92-27+15+17=97$

12 $42+72-(54+15)=45$

7쪽

13 28

14 60

15 73

16 71

17 25

18 50

19 28

20 34

21 23

22 68

23 63

24 72

2일

8쪽

1 $34-15+27=46$

2 $27+(36-25)=38$

3 $13+29-37=5$

4 $38-(14+5)=19$

5 $23+(45-17)-8=43$

6 $(54-17)-27+14=24$

7 $52-16+24-16=44$

8 $17+29-(23-12)=35$

9 $47-(26-19)+22=62$

10 $(36+15)-(22-17)=46$

11 $79-12-13+27=81$

12 $43+19-(17+12)=33$

9쪽

13 100

14 81

15 95

16 32

17 81

18 14

19 51

20 14

21 56

22 63

23 33

24 54

3일

10쪽

1 $26+17-13+39=69$

2 $45+19+24-18+36=106$

3 $56+29-(17+18)+14=64$

4 $28+14-12+(10+25)=65$

5 $97-(18+26)+22-24=51$

6 $34+(12+25-28)-19=24$

7 $19-15+27+(49-26)=54$

8 $61-(81-19-20)+14=33$

9 $84+(18+15)-16-4=97$

10 $(47-14+22)-7=48$

11 $22+34-(19-13)+27=77$

12 $52+49-31-(7+16)=47$

11쪽

13 32

14 90

15 85

16 54

17 70

18 37

19 81

20 16

21 43

22 40

23 19

24 76

4일

1	36	7	32
2	23	8	98
3	45	9	88
4	41	10	48
5	54	11	31
6	110	12	49

13	35	19	62
14	37	20	28
15	74	21	56
16	25	22	107
17	61	23	29
18	48	24	79

5일

1	11	6	22
2	33	7	62
3	73	8	50
4	84	9	49
5	41	10	45

11	12 / 6	16	22 / 42
12	43 / 43	17	34 / 58
13	33 / 47	18	46 / 36
14	52 / 26	19	13 / 1
15	38 / 38	20	39 / 49

생각수학

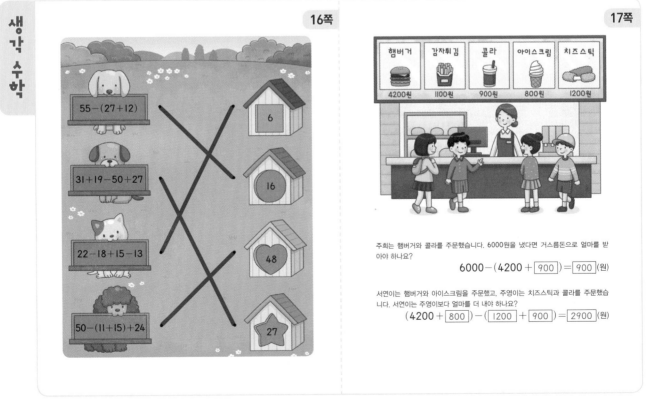

주희는 햄버거와 콜라를 주문했습니다. 6000원을 냈다면 거스름돈으로 얼마를 받아야 하나요?

$6000 - (4200 + \boxed{900}) = \boxed{900}$ (원)

서연이는 햄버거와 아이스크림을 주문했고, 주영이는 치즈스틱과 콜라를 주문했습니다. 서연이는 주영이보다 얼마를 더 내야 하나요?

$(4200 + \boxed{800}) - (\boxed{1200} + \boxed{900}) = \boxed{2900}$ (원)

1일

20쪽

1 $21 \times 3 \div 7 = 9$

2 $54 \div 6 \times 3 = 27$

3 $72 \times (6 \div 3) = 144$

4 $42 \times 4 \div 6 = 28$

5 $10 \times (24 \div 2) \div 5 = 24$

6 $14 \times (15 \div 3) = 70$

7 $625 \div (5 \times 5) = 25$

8 $270 \div (9 \times 3) \times 5 = 50$

9 $320 \div (2 \times 5) = 32$

10 $12 \times 6 \div (3 \times 6) = 4$

11 $18 \times (9 \div 3) \div 2 = 27$

12 $49 \div 7 \times 4 \div 2 = 14$

21쪽

13 8
14 7
15 8
16 18
17 6
18 250
19 12
20 54
21 33
22 36
23 36
24 42

2일

22쪽

1 $11 \times 6 \div 2 = 33$

2 $24 \div 6 \times 13 = 52$

3 $192 \div (3 \times 4) = 16$

4 $36 \div 9 \times 11 = 44$

5 $216 \div (2 \times 9) = 12$

6 $240 \div 12 \times 5 = 100$

7 $25 \times 4 \div 5 = 20$

8 $21 \times 4 \div (7 \times 3) = 4$

9 $168 \div (4 \times 2) \div 3 = 7$

10 $72 \div (24 \div 8) = 24$

11 $336 \div (2 \times 8) \times 3 = 63$

12 $16 \times 9 \div (24 \div 8) = 48$

23쪽

13 34
14 10
15 1
16 72
17 3
18 56
19 16
20 14
21 72
22 16
23 36
24 12

3일

24쪽

1 $12 \div 4 \times 21 \div 7 = 9$

2 $27 \times 2 \div 3 \times 6 = 108$

3 $32 \times 13 \div (8 \times 2) = 26$

4 $270 \div (9 \times 3) \times 6 = 60$

5 $16 \div (4 \times 2) \times 25 \times 3 = 150$

6 $240 \div (4 \times 2) \div 5 \times 4 = 24$

7 $24 \times 5 \div 8 \times 12 \div 4 = 45$

8 $32 \times 2 \div (16 \div 4) = 16$

9 $36 \div 12 \times (48 \div 16) \times 2 = 18$

10 $13 \times 25 \div (20 \div 4) = 65$

11 $180 \div (4 \times 5) \times 16 \div 3 = 48$

12 $360 \div (2 \times 12) \times 2 \div 6 = 5$

25쪽

13 4
14 120
15 12
16 16
17 56
18 8
19 36
20 30
21 10
22 3
23 108
24 80

4일

1	90	7	14
2	15	8	128
3	14	9	24
4	48	10	20
5	9	11	54
6	36	12	48

13	96	19	128
14	63	20	20
15	4	21	48
16	21	22	16
17	3	23	3
18	27	24	5

5일

1	18	6	60
2	7	7	9
3	24	8	8
4	51	9	6
5	28	10	72

11	72 / 72	16	7 / 7
12	64 / 4	17	144 / 16
13	27 / 27	18	63 / 63
14	28 / 7	19	200 / 50
15	54 / 6	20	72 / 72

생각 수학

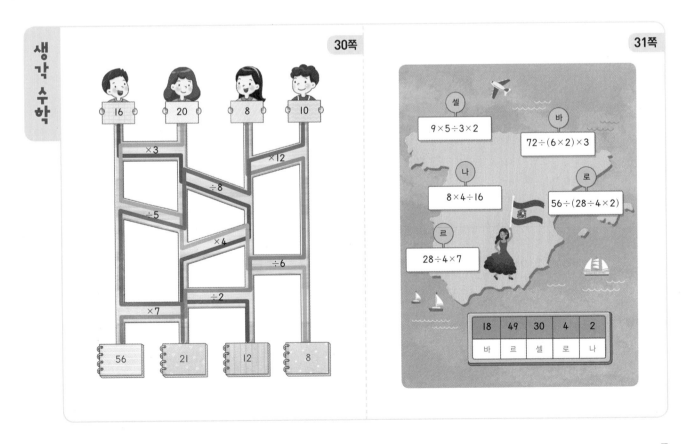

18	49	30	4	2
바	르	셀	로	나

1일

34쪽

1 $6 \times 3 + 4 - 5 = 17$

2 $2 + 18 \times 3 - 6 = 50$

3 $28 - 9 + 3 \times 5 = 34$

4 $(16 - 2) \times 3 - 3 = 39$

5 $7 + 5 \times (20 - 12) = 47$

6 $76 - (2 + 18) \times 2 = 36$

7 $4 + 5 \times 6 - 32 + 14 = 16$

8 $15 - 45 \div 9 = 10$

9 $7 + 80 \div 10 - 2 = 13$

10 $16 + 12 \div (7 - 3) = 19$

11 $45 - (5 + 10) \div 3 = 40$

12 $(43 + 5) \div 6 + 14 - 10 = 12$

35쪽

13	25	19	25
14	55	20	24
15	32	21	36
16	21	22	40
17	12	23	2
18	35	24	34

2일

36쪽

1 $25 + 72 \div 8 = 34$

2 $20 - 6 \times 3 + 39 = 41$

3 $27 \div 3 + 60 - 4 = 65$

4 $22 + (15 - 3) \times 4 = 70$

5 $(40 + 120) \div 20 + 2 = 10$

6 $160 \div (25 + 15) - 3 = 1$

7 $64 \times 2 - 50 = 78$

8 $38 - 15 \div 3 + 7 = 40$

9 $52 + 8 \times 4 - 31 - 10 = 43$

10 $39 + (8 - 1) \times 2 = 53$

11 $53 - (49 + 5) \div 6 = 44$

12 $4 + 5 \times (18 - 11) - 14 = 25$

37쪽

13	32	19	15
14	28	20	26
15	38	21	5
16	2	22	5
17	4	23	24
18	23	24	102

3일

38쪽

1 $18 \div 6 + 1 = 4$

2 $15 + 40 \div 8 + 4 = 24$

3 $46 - (40 + 16) \div 8 + 3 = 42$

4 $3 \times (25 - 21) + 6 = 18$

5 $(17 + 3 - 4) \div 2 = 8$

6 $42 \div 6 + (22 - 8) = 21$

7 $7 \times 4 - (12 - 8) = 24$

8 $36 + 15 \div 3 - 10 = 31$

9 $111 - 5 \times 8 - 26 = 45$

10 $15 + (21 - 5) \times 2 = 47$

11 $32 - 8 \div (14 - 6) = 31$

12 $(86 - 14) \div (4 - 1) - 7 = 17$

39쪽

13	24	19	50
14	24	20	29
15	30	21	51
16	30	22	14
17	67	23	28
18	8	24	13

4 일

1	3	7	28
2	13	8	3
3	65	9	27
4	6	10	38
5	13	11	35
6	23	12	123

13	14	19	11
14	58	20	32
15	85	21	11
16	8	22	19
17	30	23	16
18	9	24	89

5 일

1	22 / 31	6	60 / 84
2	22 / 10	7	91 / 131
3	27 / 25	8	108 / 16
4	54 / 30	9	92 / 128
5	9 / 13	10	37 / 46

11	49 / 157	16	55 / 35
12	44 / 14	17	22 / 1
13	109 / 100	18	4 / 260
14	71 / 7	19	103 / 13
15	18 / 18	20	50 / 9

생각 수학

진욱이의 몸무게가 32 kg이므로 엄마의 몸무게는
(32 + 20)kg입니다.
따라서 아빠의 몸무게는
(32 + 20) × 2 − 26 = 78 (kg)입니다.

1일

48쪽

1 $6 \times 3 + 63 \div 9 - 8 = 17$

2 $4 + 74 \div 2 \times 4 - 48 = 104$

3 $65 - 32 + 64 \div 8 \times 7 = 89$

4 $48 \div (11 - 8 + 5) \times 3 = 18$

5 $120 \div (3 \times 5) - 5 = 3$

6 $36 - 5 \times (12 \div 3) = 16$

7 $5 \times 4 + 19 - 75 \div 25 = 36$

8 $45 - 9 \div 3 + 4 \times 6 = 66$

9 $17 + 10 \times 5 - 12 \div 3 = 63$

10 $(70 + 14) \div 12 \times 3 = 21$

49쪽

11 191

12 3

13 52

14 111

15 35

16 25

17 66

18 30

19 13

20 21

2일

50쪽

1 $4 + 7 \times 3 - 45 \div 9 = 20$

2 $8 + 400 \div 8 \times 2 - 22 = 86$

3 $36 \times 5 + 84 \div 14 - 67 = 119$

4 $(6 - 3 + 27 \div 9) \times 14 = 84$

5 $(59 + 5) \times 2 \div 16 - 2 = 6$

6 $8 - 4 + 10 \div 5 \times 30 = 64$

7 $16 \times 5 + 43 - 70 \div 5 = 109$

8 $68 \div 4 + 6 \times 7 - 32 = 27$

9 $46 - 48 \div (6 + 6) \times 8 = 14$

10 $108 \div (14 - 5) + 5 \times 7 = 47$

51쪽

11 12

12 50

13 14

14 86

15 48

16 54

17 105

18 15

19 21

20 24

3일

52쪽

1 $6 \times 4 + 9 \div 3 - 7 = 20$

2 $16 + 27 \div 3 \times 7 - 70 = 9$

3 $77 - 51 \div 3 + 6 \times 8 = 108$

4 $38 - (9 + 45) \div (9 \times 3) = 36$

5 $(13 + 7 \times 5) \div 6 = 8$

6 $6 \times 13 + 5 - 8 \div 4 = 81$

7 $26 + (3 \times 7) - 48 \div 3 = 31$

8 $85 \div 5 + 4 \times (11 - 8) = 29$

9 $(30 - 6 + 81 \div 9) \times 2 = 66$

10 $65 \div (15 - 8 + 6) \times 2 = 10$

53쪽

11 9

12 49

13 61

14 25

15 25

16 51

17 38

18 73

19 2

20 3

4일

1 10
2 29
3 6
4 6
5 72
6 36
7 41
8 10
9 20
10 180

11 72
12 7
13 13
14 28
15 37
16 14
17 2
18 65
19 21
20 14

5일

1 37
2 58
3 72
4 95
5 6
6 5
7 44
8 40
9 10
10 36

11 33
12 65
13 100
14 48
15 67
16 13
17 150
18 30
19 40
20 42

생각 수학

* 가로 열쇠 *
㉠ 26+48÷6×12−7
㉡ 4×7−(28+35)÷9
㉢ 2+3×8−49÷7
㉣ 8×11+49÷7−57

* 세로 열쇠 *
㉤ 85÷5−21×3÷7
㉥ 68−52÷4+8×7
㉦ 48+91÷13×22−9
㉧ 13+5×11×24÷2

1일

1 1, 2, 3, 6 /
1, 2, 4, 8 /
1, 2

2 1, 2, 3, 4, 6, 12 /
1, 3, 5, 15 /
1, 3

3 1, 2, 7, 14 /
1, 7 /
1, 7

4 1, 3, 9 /
1, 3, 9, 27 /
1, 3, 9

5 1, 2, 4, 8, 16, 32 /
1, 2, 4, 5, 8, 10,
20, 40 /
1, 2, 4, 8

6 1, 5 / 1, 2, 3, 5,
6, 10, 15, 30 /
1, 5

7 1, 2, 4 /
1, 2, 5, 10 /
1, 2

8 1, 3, 7, 21 /
1, 3 /
1, 3

9 1, 5, 7, 35 /
1, 3, 5, 15 /
1, 5

10 1, 2, 4, 8, 16 /
1, 2, 3, 4, 6, 12 /
1, 2, 4

11 1, 2, 3, 6, 9, 18 /
1, 3, 9 /
1, 3, 9

12 1, 2, 4, 5, 10, 20 /
1, 2, 4, 7, 14, 28 /
1, 2, 4

2일

1 1, 3 / 3
2 1, 2 / 2
3 1, 5 / 5
4 1, 2 / 2
5 1, 2, 4 / 4

6 1, 5 / 5
7 1, 11 / 11
8 1, 2 / 2
9 1, 2, 4 / 4
10 1, 3 / 3

11 1, 3 / 3
12 1, 2, 4, 8 / 8
13 1, 3, 5, 15 / 15
14 1, 2, 3, 6 / 6
15 1, 2, 4 / 4

16 1, 2, 5, 10 / 10
17 1, 2, 7, 14 / 14
18 1, 3, 9 / 9
19 1, 2, 3, 6 / 6
20 1, 2 / 2

3일

1 예 2×3 /
예 3×7 / 3

2 예 2×7 /
예 2×5 / 2

3 예 $2 \times 2 \times 3 \times 3$
/ 3×3 / $3 \times 3 = 9$

4 예 $2 \times 3 \times 3$ /
예 $2 \times 2 \times 5$ / 2

5 예 $2 \times 2 \times 2 \times 3$ /
예 2×3 /
예 $2 \times 3 = 6$

6 2×2 /
예 $2 \times 2 \times 11$ /
$2 \times 2 = 4$

7 $2 \times 2 \times 2$ /
예 $2 \times 2 \times 3 \times 5$ /
$2 \times 2 = 4$

8 $3 \times 3 \times 3$ /
3×3 /
$3 \times 3 = 9$

9 예 2×5 /
예 $2 \times 2 \times 5$ /
예 $2 \times 5 = 10$

10 예 3×5 /
5×5 / 5

11 $2 \times 2 \times 2 \times 2$ /
예 $2 \times 2 \times 2 \times 5$ /
$2 \times 2 \times 2 = 8$

4
일

				68쪽					69쪽
1	3	3	5		6	2	9	예 $2 \times 3 = 6$	
2	$2 \times 2 = 4$	4	예 $2 \times 3 = 6$		7	$2 \times 2 \times 2 = 8$	10	$2 \times 2 = 4$	
		5	$2 \times 2 \times 2 = 8$		8	$2 \times 2 = 4$	11	$3 \times 3 = 9$	

5
일

				70쪽					71쪽
1	2	6	6		11	2	16	3	
2	2	7	4		12	3	17	5	
3	3	8	6		13	4	18	8	
4	4	9	8		14	10	19	7	
5	7	10	9		15	6	20	12	

생각 수학

8　12　→　1, 2, 4

16　24　→　1, 2, 4, 8

15　18　→　1, 3

14　35　→　1, 7

24　42　→　1, 2, 3, 6

30　45　→　1, 3, 5, 15

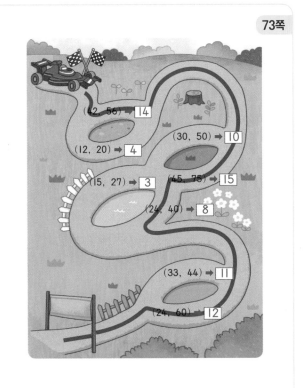

(42, 56) → 14

(30, 50) → 10

(12, 20) → 4

(15, 27) → 3

(45, 75) → 15

(24, 40) → 8

(33, 44) → 11

(24, 60) → 12

1일

1 2, 4, 6, 8, 10, 12
…… / 4, 8, 12,
16…… / 4, 8, 12

2 3, 6, 9, 12, 15, 18
…… / 6, 12, 18,
24, 30…… / 6,
12, 18

3 6, 12, 18, 24,
30, 36, 42, 48,
54…… / 9, 18,
27, 36, 45, 54
…… / 18, 36, 54

4 14, 28, 42…… /
7, 14, 21, 28, 35,
42…… / 14, 28,
42

5 18, 36, 54……
/ 9, 18, 27, 36,
45, 54…… / 18,
36, 54

6 36, 72, 108……
/ 18, 36, 54, 72,
90, 108…… / 36,
72, 108

7 8, 16, 24, 32,
40, 48, 56…… /
16, 32, 48, 54,
70…… / 16, 32,
48

8 5, 10, 15, 20,
25, 30, 35, 40,
45…… / 15, 30,
45…… / 15, 30,
45

9 6, 12, 18, 24, 30,
36, 42, 48, 54,
60…… / 10, 20,
30, 40, 50, 60
…… / 30, 60, 90

10 12, 24, 36, 48,
60, 72…… / 9,
18, 27, 36, 45,
54, 63, 72…… /
36, 72, 108

11 11, 22, 33, 44,
55, 66…… / 22,
44, 66…… / 22,
44, 66

12 34, 68, 102, 136
…… / 17, 34, 51,
68, 85…… / 34,
68, 102

2일

1 20, 40, 60 / 20

2 18, 36, 54 / 18

3 24, 48, 72 / 24

4 50, 100, 150 / 50

5 15, 30, 45 / 15

6 12, 24, 36 / 12

7 66, 132, 198 / 66

8 63, 126, 189 / 63

9 60, 120, 180 / 60

10 72, 144, 216 /
72

11 120, 240, 360 /
120

12 45, 90, 135 / 45

13 60, 120, 180 /
60

14 80, 160, 240 /
80

15 36, 72, 108 / 36

16 78, 156, 234 /
78

17 42, 84, 126 / 42

18 180, 360, 540 /
180

19 34, 68, 102 / 34

20 108, 216, 324 /
108

3일

1 예 $2 \times 2 \times 5$ /
예 2×5 /
예 $2 \times 2 \times 5 = 20$

2 $2 \times 2 \times 2 \times 2$ /
예 $2 \times 2 \times 3$ /
예 $2 \times 2 \times 2 \times 2$
$\times 3 = 48$

3 예 $2 \times 3 \times 5$ /
예 3×5 /
예 $2 \times 3 \times 5 = 30$

4 예 2×7 /
예 3×7 /
예 $2 \times 3 \times 7 = 42$

5 $2 \times 2 \times 2 \times 2 \times 2$ /
$2 \times 2 \times 2 \times 2$ /
$2 \times 2 \times 2 \times 2 \times 2$
$= 32$

6 예 2×5 / 5×5 /
예 $2 \times 5 \times 5 = 50$

7 예 $2 \times 3 \times 3$ /
예 $2 \times 2 \times 2 \times 3$ /
예 $2 \times 2 \times 2 \times 3$
$\times 3 = 72$

8 $3 \times 3 \times 3$ /
예 $2 \times 3 \times 3$ /
예 $2 \times 3 \times 3 \times 3$
$= 54$

9 예 2×11 /
예 3×11 /
예 $2 \times 3 \times 11 = 66$

10 예 $2 \times 2 \times 7$ /
예 2×7 /
예 $2 \times 2 \times 7 = 28$

11 예 $2 \times 2 \times 5$ /
예 $2 \times 3 \times 5$ /
예 $2 \times 2 \times 3 \times 5$
$= 60$

4일

1 예 $3 \times 2 \times 3 = 18$

2 예 $2 \times 2 \times 2 \times 2 \times 3 = 48$

3 예 $2 \times 2 \times 9 \times 2 = 72$

4 예 $2 \times 5 \times 3 = 30$

5 예 $3 \times 5 \times 2 \times 3 = 90$

6 예 $5 \times 4 \times 9 = 180$

7 예 $2 \times 3 \times 4 \times 3 = 72$

8 예 $5 \times 5 \times 2 = 50$

9 예 $3 \times 5 \times 4 = 60$

10 예 $2 \times 7 \times 3 \times 2 = 84$

11 예 $2 \times 3 \times 3 \times 2 \times 3 = 108$

5일

1 9
2 72
3 60
4 24
5 32
6 84
7 66
8 90
9 80
10 63

11 18
12 104
13 72
14 120
15 90
16 65
17 42
18 70
19 72
20 76

생각 수학

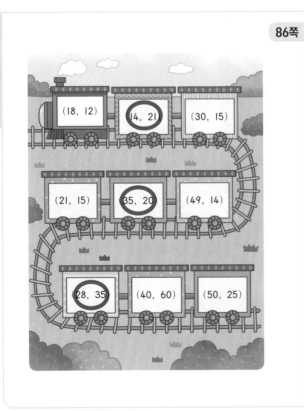

빙고 놀이를 이긴 사람은 지수 입니다.

1일

90쪽

1 3×3 / 예 $2\times2\times2\times3$ / 3 / 예 $2\times2\times2\times3\times3=72$

2 예 2×3 / 예 3×5 / 3 / 예 $2\times3\times5=30$

3 $2\times2\times2$ / 예 2×7 / 2 / 예 $2\times2\times2\times7=56$

4 예 $2\times3\times3$ / 예 2×5 / 2 / 예 $2\times3\times3\times5=90$

5 예 $2\times3\times5$ / 예 $2\times3\times3$ / 예 $2\times3=6$ / 예 $2\times3\times3\times5=90$

91쪽

6 2 / 예 $2\times8=16$

7 $2\times2=4$ / 예 $2\times2\times3\times2=24$

8 2 / 예 $2\times5\times11=110$

9 $2\times2=4$ / 예 $2\times2\times5\times6=120$

10 예 $2\times3=6$ / 예 $2\times3\times5\times6=180$

2일

92쪽

1 예 2×3 / 예 2×11 / 2 / 예 $2\times3\times11=66$

2 예 $2\times2\times5$ / 5×5 / 5 / 예 $2\times2\times5\times5=100$

3 $2\times2\times2\times2$ / 예 $2\times2\times3\times3$ / $2\times2=4$ / 예 $2\times2\times2\times2\times3\times3=144$

4 예 $2\times2\times2\times3$ / 예 2×5 / 2 / 예 $2\times2\times2\times3\times5=120$

5 예 $2\times3\times5$ / 예 $2\times2\times3$ / 예 $2\times3=6$ / 예 $2\times2\times3\times5=60$

93쪽

6 2 / 예 $2\times10\times7=140$

7 $3\times3=9$ / 예 $3\times3\times2=18$

8 5 / 예 $5\times7\times5=175$

9 예 $2\times3=6$ / 예 $2\times3\times4\times3=72$

10 $2\times2=4$ / 예 $2\times2\times4\times9=144$

3일

94쪽

1 2×2 / 예 $2\times3\times3$ / 2 / 예 $2\times2\times3\times3=36$

2 예 2×3 / 3×3 / 3 / 예 $2\times3\times3=18$

3 예 $2\times2\times2\times5$ / 예 $2\times2\times3$ / $2\times2=4$ / 예 $2\times2\times2\times3\times5=120$

4 3×3 / 예 3×5 / 3 / 예 $3\times3\times5=45$

5 예 $2\times2\times5$ / 예 2×5 / 예 $2\times5=10$ / 예 $2\times2\times5=20$

95쪽

6 예 $2\times3=6$ / 예 $2\times3\times2=12$

7 $2\times2=4$ / 예 $2\times2\times4=16$

8 $2\times2\times2=8$ / 예 $2\times2\times2\times3=24$

9 5 / 예 $5\times4\times5=100$

10 2 / 예 $2\times11\times7=154$

1 예 $2 \times 2 \times 5$ /
예 $2 \times 3 \times 3$ / 2 /
예 $2 \times 2 \times 3 \times 3$
$\times 5 = 180$

2 예 2×11 /
$2 \times 2 \times 2$ / 2 /
예 $2 \times 2 \times 2 \times 11$
$= 88$

3 예 2×7 /
예 $2 \times 2 \times 3$ / 2 /
예 $2 \times 2 \times 3 \times 7$
$= 84$

4 예 2×13 /
예 3×13 / 13 /
예 $2 \times 3 \times 13$
$= 78$

5 예 $3 \times 3 \times 5$ /
예 $3 \times 3 \times 7$ /
$3 \times 3 = 9$ /
예 $3 \times 3 \times 5 \times 7$
$= 315$

6 $2 \times 2 = 4$ /
예 $2 \times 2 \times 8 \times 3$
$= 96$

7 예 $2 \times 7 = 14$ /
예 $2 \times 7 \times 2 \times 3$
$= 84$

8 3 /
예 $3 \times 7 \times 3 = 63$

9 $2 \times 2 \times 2 = 8$ /
예 $2 \times 2 \times 2 \times 3$
$\times 4 = 96$

10 예 $2 \times 3 = 6$ /
예 $2 \times 3 \times 5 \times 6$
$= 180$

---

1 4 / 8

2 3 / 18

3 2 / 140

4 5 / 175

5 7 / 42

6 20 / 40

7 8 / 96

8 6 / 36

9 2, 6

10 5, 15

11 8, 48

12 11, 132

13 13, 26

14 7, 147

15 6, 180

16 27, 81

17 6, 120

18 25, 125

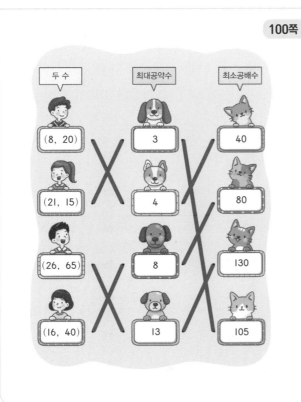

1일 (104쪽 / 105쪽)

1	1	8	7
2	2 / 1	9	10 / 5
3	5	10	3
4	3 / 1	11	4
5	5	12	3 / 1
6	9 / 3	13	7
7	10 / 1	14	2 / 1

15	$\dfrac{2}{3}$	22	$\dfrac{7}{15}$
16	$\dfrac{1}{2}$	23	$\dfrac{1}{3}$
17	$\dfrac{1}{4}$	24	$\dfrac{2}{7}$
18	$\dfrac{1}{3}$	25	$\dfrac{1}{4}$
19	$\dfrac{1}{7}$	26	$\dfrac{7}{10}$
20	$\dfrac{2}{5}$	27	$\dfrac{1}{7}$
21	$\dfrac{1}{14}$	28	$\dfrac{1}{6}$

2일 (106쪽 / 107쪽)

1	3	8	7
2	3 / 1	9	5
3	9 / 3	10	3
4	2	11	15 / 5
5	5	12	2 / 1
6	14 / 7	13	3
7	6 / 3	14	7

15	$\dfrac{2}{3}$	22	$\dfrac{1}{6}$
16	$\dfrac{1}{4}$	23	$\dfrac{2}{23}$
17	$\dfrac{2}{5}$	24	$\dfrac{1}{13}$
18	$\dfrac{1}{3}$	25	$\dfrac{2}{11}$
19	$\dfrac{7}{12}$	26	$\dfrac{1}{5}$
20	$\dfrac{7}{10}$	27	$\dfrac{3}{8}$
21	$\dfrac{1}{17}$	28	$\dfrac{3}{34}$

3일 (108쪽 / 109쪽)

1	2 / 1	8	6 / 3
2	3 / 1	9	3
3	13	10	16 / 8
4	3 / 1	11	3
5	6 / 3	12	23
6	1	13	26 / 13
7	8	14	7

15	$\dfrac{1}{4}$	22	$\dfrac{3}{17}$
16	$\dfrac{2}{7}$	23	$\dfrac{1}{9}$
17	$\dfrac{1}{2}$	24	$\dfrac{3}{19}$
18	$\dfrac{4}{7}$	25	$\dfrac{1}{13}$
19	$\dfrac{3}{8}$	26	$\dfrac{3}{14}$
20	$\dfrac{1}{13}$	27	$\dfrac{1}{7}$
21	$\dfrac{1}{5}$	28	$\dfrac{3}{11}$

4일

1 3 / 1
2 3 / 1
3 4
4 6 / 3
5 3 / 1
6 11 / 1
7 5

8 1
9 5
10 15 / 5
11 5
12 3
13 25 / 5
14 2

15 $\dfrac{3}{4}$
16 $\dfrac{1}{5}$
17 $\dfrac{2}{7}$
18 $\dfrac{1}{2}$
19 $\dfrac{2}{11}$
20 $\dfrac{2}{5}$
21 $\dfrac{7}{10}$

22 $\dfrac{1}{8}$
23 $\dfrac{1}{7}$
24 $\dfrac{4}{21}$
25 $\dfrac{2}{7}$
26 $\dfrac{14}{27}$
27 $\dfrac{1}{7}$
28 $\dfrac{10}{39}$

5일

1 $\dfrac{6}{9}, \dfrac{2}{3}$
2 $\dfrac{2}{8}, \dfrac{1}{4}$
3 $\dfrac{6}{20}, \dfrac{3}{10}$
4 $\dfrac{12}{15}, \dfrac{4}{5}$

5 $\dfrac{8}{14}, \dfrac{4}{7}$
6 $\dfrac{2}{16}, \dfrac{1}{8}$
7 $\dfrac{6}{9}, \dfrac{2}{3}$
8 $\dfrac{5}{10}, \dfrac{1}{2}$

9 $\dfrac{1}{4}$
10 $\dfrac{2}{5}$
11 $\dfrac{1}{6}$
12 $\dfrac{1}{2}$
13 $\dfrac{2}{3}$
14 $\dfrac{2}{11}$

15 $\dfrac{3}{14}$
16 $\dfrac{1}{4}$
17 $\dfrac{7}{16}$
18 $\dfrac{2}{13}$
19 $\dfrac{4}{11}$
20 $\dfrac{6}{29}$

생각 수학

1일

118쪽

1. $\dfrac{3}{6}$, $\dfrac{4}{6}$
2. $\dfrac{8}{12}$, $1\dfrac{9}{12}$
3. $\dfrac{12}{48}$, $\dfrac{20}{48}$
4. $2\dfrac{5}{40}$, $1\dfrac{16}{40}$
5. $\dfrac{5}{30}$, $\dfrac{12}{30}$
6. $2\dfrac{3}{27}$, $\dfrac{18}{27}$
7. $5\dfrac{2}{20}$, $2\dfrac{10}{20}$
8. $3\dfrac{6}{33}$, $\dfrac{11}{33}$
9. $\dfrac{35}{42}$, $\dfrac{6}{42}$
10. $2\dfrac{5}{10}$, $\dfrac{12}{10}$
11. $3\dfrac{4}{6}$, $\dfrac{21}{6}$
12. $\dfrac{35}{56}$, $\dfrac{16}{56}$
13. $1\dfrac{3}{36}$, $2\dfrac{24}{36}$
14. $\dfrac{50}{80}$, $1\dfrac{32}{80}$

119쪽

15. $\dfrac{5}{10}$, $\dfrac{6}{10}$
16. $2\dfrac{9}{21}$, $2\dfrac{7}{21}$
17. $\dfrac{4}{6}$, $1\dfrac{5}{6}$
18. $3\dfrac{3}{8}$, $4\dfrac{2}{8}$
19. $\dfrac{2}{12}$, $1\dfrac{5}{12}$
20. $\dfrac{20}{24}$, $\dfrac{9}{24}$
21. $\dfrac{15}{18}$, $\dfrac{2}{18}$
22. $5\dfrac{1}{15}$, $5\dfrac{6}{15}$
23. $\dfrac{5}{10}$, $1\dfrac{3}{10}$
24. $2\dfrac{32}{72}$, $2\dfrac{6}{72}$
25. $\dfrac{9}{33}$, $\dfrac{22}{33}$
26. $1\dfrac{10}{45}$, $\dfrac{11}{45}$
27. $3\dfrac{6}{60}$, $2\dfrac{25}{60}$
28. $\dfrac{10}{72}$, $\dfrac{15}{72}$

2일

120쪽

1. $\dfrac{4}{12}$, $\dfrac{3}{12}$
2. $2\dfrac{25}{40}$, $1\dfrac{16}{40}$
3. $3\dfrac{6}{27}$, $\dfrac{9}{27}$
4. $1\dfrac{10}{24}$, $\dfrac{12}{24}$
5. $\dfrac{18}{24}$, $\dfrac{20}{24}$
6. $\dfrac{21}{14}$, $2\dfrac{4}{14}$
7. $\dfrac{8}{20}$, $\dfrac{5}{20}$
8. $5\dfrac{5}{50}$, $1\dfrac{20}{50}$
9. $\dfrac{30}{54}$, $4\dfrac{9}{54}$
10. $\dfrac{40}{56}$, $\dfrac{7}{56}$
11. $1\dfrac{12}{44}$, $\dfrac{33}{44}$
12. $2\dfrac{8}{96}$, $2\dfrac{60}{96}$
13. $\dfrac{18}{48}$, $\dfrac{8}{48}$
14. $5\dfrac{35}{84}$, $3\dfrac{24}{84}$

121쪽

15. $\dfrac{4}{12}$, $\dfrac{9}{12}$
16. $\dfrac{18}{60}$, $\dfrac{35}{60}$
17. $2\dfrac{25}{40}$, $3\dfrac{12}{40}$
18. $\dfrac{2}{14}$, $4\dfrac{1}{14}$
19. $\dfrac{18}{30}$, $1\dfrac{25}{30}$
20. $3\dfrac{1}{12}$, $3\dfrac{10}{12}$
21. $\dfrac{14}{35}$, $\dfrac{15}{35}$
22. $\dfrac{4}{24}$, $\dfrac{9}{24}$
23. $5\dfrac{3}{16}$, $\dfrac{8}{16}$
24. $\dfrac{5}{8}$, $\dfrac{6}{8}$
25. $3\dfrac{8}{84}$, $1\dfrac{63}{84}$
26. $2\dfrac{2}{72}$, $\dfrac{15}{72}$
27. $\dfrac{20}{48}$, $\dfrac{3}{48}$
28. $2\dfrac{2}{20}$, $2\dfrac{15}{20}$

3일

122쪽

1. $\dfrac{5}{15}$, $\dfrac{6}{15}$
2. $2\dfrac{45}{72}$, $2\dfrac{16}{72}$
3. $\dfrac{8}{32}$, $\dfrac{12}{32}$
4. $1\dfrac{20}{24}$, $\dfrac{18}{24}$
5. $\dfrac{14}{20}$, $3\dfrac{10}{20}$
6. $\dfrac{24}{56}$, $\dfrac{7}{56}$
7. $\dfrac{14}{21}$, $\dfrac{6}{21}$
8. $3\dfrac{8}{36}$, $4\dfrac{27}{36}$
9. $4\dfrac{45}{75}$, $2\dfrac{20}{75}$
10. $1\dfrac{5}{15}$, $\dfrac{6}{15}$
11. $\dfrac{8}{26}$, $4\dfrac{13}{26}$
12. $2\dfrac{8}{48}$, $2\dfrac{18}{48}$
13. $\dfrac{21}{72}$, $\dfrac{48}{72}$
14. $3\dfrac{6}{45}$, $1\dfrac{15}{45}$

123쪽

15. $\dfrac{14}{21}$, $\dfrac{6}{21}$
16. $\dfrac{5}{30}$, $\dfrac{24}{30}$
17. $\dfrac{15}{20}$, $\dfrac{6}{20}$
18. $1\dfrac{4}{12}$, $\dfrac{5}{12}$
19. $\dfrac{10}{75}$, $\dfrac{12}{75}$
20. $3\dfrac{20}{90}$, $\dfrac{27}{90}$
21. $1\dfrac{5}{40}$, $2\dfrac{12}{40}$
22. $\dfrac{25}{60}$, $\dfrac{28}{60}$
23. $5\dfrac{7}{84}$, $1\dfrac{18}{84}$
24. $3\dfrac{8}{60}$, $3\dfrac{9}{60}$
25. $\dfrac{27}{48}$, $\dfrac{20}{48}$
26. $\dfrac{14}{80}$, $1\dfrac{45}{80}$
27. $\dfrac{30}{45}$, $\dfrac{2}{45}$
28. $1\dfrac{9}{96}$, $\dfrac{40}{96}$

4일

1. $\dfrac{6}{21}$, $\dfrac{14}{21}$

2. $1\dfrac{24}{32}$, $\dfrac{4}{32}$

3. $\dfrac{10}{35}$, $1\dfrac{14}{35}$

4. $\dfrac{70}{80}$, $\dfrac{24}{80}$

5. $2\dfrac{12}{40}$, $2\dfrac{30}{40}$

6. $\dfrac{9}{72}$, $\dfrac{16}{72}$

7. $2\dfrac{5}{60}$, $1\dfrac{36}{60}$

8. $4\dfrac{35}{50}$, $4\dfrac{40}{50}$

9. $\dfrac{35}{84}$, $2\dfrac{60}{84}$

10. $\dfrac{50}{160}$, $\dfrac{48}{160}$

11. $1\dfrac{6}{24}$, $\dfrac{20}{24}$

12. $\dfrac{33}{39}$, $\dfrac{26}{39}$

13. $4\dfrac{12}{88}$, $2\dfrac{22}{88}$

14. $\dfrac{27}{126}$, $\dfrac{70}{126}$

15. $\dfrac{3}{12}$, $\dfrac{10}{12}$

16. $4\dfrac{7}{10}$, $\dfrac{8}{10}$

17. $\dfrac{35}{40}$, $\dfrac{16}{40}$

18. $\dfrac{8}{12}$, $\dfrac{5}{12}$

19. $5\dfrac{4}{30}$, $2\dfrac{3}{30}$

20. $\dfrac{6}{180}$, $\dfrac{25}{180}$

21. $3\dfrac{25}{80}$, $3\dfrac{24}{80}$

22. $2\dfrac{15}{84}$, $\dfrac{20}{84}$

23. $\dfrac{36}{45}$, $\dfrac{10}{45}$

24. $3\dfrac{14}{44}$, $2\dfrac{11}{44}$

25. $\dfrac{3}{34}$, $4\dfrac{2}{34}$

26. $\dfrac{25}{180}$, $\dfrac{8}{180}$

27. $2\dfrac{5}{40}$, $2\dfrac{8}{40}$

28. $\dfrac{15}{140}$, $\dfrac{8}{140}$

5일

1. $\dfrac{15}{20}$, $\dfrac{4}{20}$

2. $\dfrac{16}{40}$, $\dfrac{15}{40}$

3. $3\dfrac{15}{36}$, $1\dfrac{24}{36}$

4. $\dfrac{26}{91}$, $\dfrac{35}{91}$

5. $2\dfrac{20}{55}$, $\dfrac{33}{55}$

6. $\dfrac{60}{216}$, $\dfrac{90}{216}$

7. $\dfrac{15}{120}$, $\dfrac{32}{120}$

8. $5\dfrac{20}{45}$, $4\dfrac{18}{45}$

9. $3\dfrac{42}{132}$, $\dfrac{110}{132}$

10. $\dfrac{8}{80}$, $\dfrac{30}{80}$

11. $2\dfrac{15}{60}$, $\dfrac{16}{60}$

12. $3\dfrac{9}{42}$, $\dfrac{28}{42}$

13. $\dfrac{45}{150}$, $\dfrac{70}{150}$

14. $\dfrac{21}{63}$, $\dfrac{33}{63}$

15. $\dfrac{2}{6}$, $\dfrac{5}{6}$

16. $\dfrac{8}{26}$, $1\dfrac{3}{26}$

17. $\dfrac{25}{30}$, $\dfrac{9}{30}$

18. $3\dfrac{15}{42}$, $\dfrac{10}{42}$

19. $\dfrac{21}{56}$, $\dfrac{20}{56}$

20. $\dfrac{6}{120}$, $\dfrac{5}{120}$

21. $\dfrac{10}{18}$, $\dfrac{15}{18}$

22. $\dfrac{5}{90}$, $2\dfrac{24}{90}$

23. $\dfrac{25}{90}$, $\dfrac{4}{90}$

24. $3\dfrac{2}{90}$, $\dfrac{3}{90}$

25. $\dfrac{14}{77}$, $\dfrac{55}{77}$

26. $\dfrac{35}{84}$, $2\dfrac{18}{84}$

27. $\dfrac{8}{52}$, $\dfrac{5}{52}$

28. $\dfrac{9}{168}$, $\dfrac{16}{168}$

생각수학

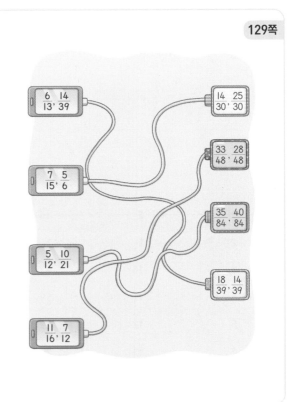

1일

132쪽

1. $\frac{15}{20}, \frac{8}{20}$ / >
2. $\frac{7}{42}, \frac{6}{42}$ / >
3. $1\frac{24}{32}, 1\frac{20}{32}$ / >
4. $\frac{6}{27}, \frac{9}{27}$ / <
5. $2\frac{12}{18}, 2\frac{12}{18}$ / =
6. $\frac{21}{35}, \frac{20}{35}$ / >

133쪽

7 <	14 <	21 =
8 <	15 <	22 >
9 =	16 =	23 >
10 <	17 >	24 <
11 <	18 >	25 <
12 <	19 >	26 <
13 =	20 <	27 >

2일

134쪽

1. $\frac{16}{56}, \frac{21}{56}$ / <
2. $1\frac{28}{60}, 1\frac{25}{60}$ / >
3. $\frac{28}{50}, \frac{35}{50}$ / <
4. $\frac{20}{48}, \frac{9}{48}$ / >
5. $2\frac{15}{24}, 2\frac{20}{24}$ / <
6. $4\frac{10}{42}, 4\frac{9}{42}$ / >

135쪽

7 <	14 =	21 >
8 >	15 >	22 <
9 >	16 >	23 >
10 <	17 >	24 >
11 >	18 >	25 <
12 <	19 <	26 >
13 >	20 >	27 <

3일

136쪽

1 <	8 <	15 <
2 >	9 >	16 <
3 <	10 <	17 >
4 <	11 =	18 >
5 >	12 <	19 >
6 >	13 >	20 >
7 >	14 >	21 =

137쪽

22 >	29 >	36 <
23 >	30 <	37 <
24 <	31 =	38 >
25 <	32 <	39 >
26 <	33 <	40 <
27 <	34 >	41 <
28 >	35 <	42 <

4일

1 $\frac{5}{8}$, $\frac{7}{12}$, $\frac{1}{4}$

2 $1\frac{1}{2}$, $1\frac{1}{3}$, $1\frac{1}{4}$

3 $\frac{7}{8}$, $\frac{5}{6}$, $\frac{3}{4}$

4 $\frac{7}{12}$, $\frac{8}{15}$, $\frac{3}{10}$

5 $1\frac{5}{12}$, $1\frac{3}{8}$, $1\frac{1}{6}$

6 $2\frac{7}{10}$, $2\frac{2}{3}$, $2\frac{3}{5}$

7 $\frac{8}{9}$, $\frac{5}{6}$, $\frac{19}{27}$

8 $\frac{5}{6}$, $\frac{2}{3}$, $\frac{3}{5}$

9 $\frac{4}{5}$, $\frac{3}{4}$, $\frac{2}{3}$

10 $\frac{2}{3}$, $\frac{8}{15}$, $\frac{1}{6}$

11 $2\frac{3}{4}$, $2\frac{3}{8}$, $2\frac{5}{16}$

12 $\frac{1}{2}$, $\frac{5}{12}$, $\frac{1}{6}$

13 $\frac{7}{10}$, $\frac{3}{4}$, $\frac{7}{8}$

14 $\frac{4}{21}$, $\frac{1}{3}$, $\frac{5}{14}$

15 $1\frac{4}{7}$, $1\frac{9}{14}$, $1\frac{2}{3}$

16 $\frac{19}{32}$, $\frac{17}{24}$, $\frac{13}{16}$

17 $\frac{4}{15}$, $\frac{5}{12}$, $\frac{1}{2}$

18 $\frac{11}{20}$, $\frac{7}{12}$, $\frac{5}{8}$

19 $3\frac{8}{11}$, $3\frac{3}{4}$, $3\frac{5}{6}$

20 $\frac{9}{14}$, $\frac{13}{18}$, $\frac{5}{6}$

21 $\frac{2}{5}$, $\frac{3}{7}$, $\frac{7}{15}$

22 $\frac{7}{36}$, $\frac{2}{9}$, $\frac{5}{12}$

23 $1\frac{11}{20}$, $1\frac{9}{16}$, $1\frac{7}{12}$

24 $2\frac{5}{48}$, $2\frac{5}{32}$, $2\frac{7}{24}$

5일

1 $\frac{4}{5}$

2 $\frac{7}{12}$

3 $1\frac{7}{8}$

4 $\frac{2}{5}$

5 $\frac{5}{18}$

6 $3\frac{7}{16}$

7 $\frac{5}{21}$

8 $2\frac{8}{21}$

9 $\frac{5}{6}$

10 $2\frac{1}{2}$

11 $\frac{5}{6}$

12 $\frac{2}{5}$

13 $\frac{2}{3}$

14 $\frac{17}{21}$

15 $1\frac{1}{2}$

16 $3\frac{11}{12}$

17 $\frac{5}{9}$

18 $\frac{5}{6}$

19 $\frac{9}{10}$

20 $\frac{5}{12}$

생각 수학

지호: 난 물방울무늬 천을 전체의 $\frac{4}{9}$ 만큼 사용했어.

유진: 내가 사용한 물방울무늬 천은 전체의 $\frac{4}{8}$ 야.

경하: 나는 물방울무늬 천을 전체의 $\frac{7}{12}$ 만큼 사용했어.

$\boxed{\dfrac{7}{12}}$ > $\boxed{\dfrac{4}{8}}$ > $\boxed{\dfrac{4}{9}}$ 이므로 물방울무늬 천을 가장 많이 사용한 사람은 (지호 , 유진 , ⓐ경하)입니다.

메모

1일 10분
초등 메가
계산력

정답

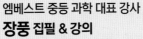

잘 키운 문해력, 초등 전 과목 책임진다!

메가스터디
초등 문해력 시리즈

학습 대상 : 초등 2~6학년

초등 문해력
어휘 활용의 힘

＞

초등 문해력
한 문장 정리의 힘

＞

초등 문해력
한 문장 정리의 힘

어휘편
1~4권

기본편
1~4권

실전편
1~4권

메가스터디BOOKS